Linux技术与应用丛书

Linux 安全实战

李 强 编著

机械工业出版社
CHINA MACHINE PRESS

本书聚焦 Linux 网络安全，强调实战。全书共 13 章，从网络概念引入，分别介绍了网络相关的基础知识、虚拟专用网络、网络防火墙、网络分析工具、用户的权限、文件系统、软件包、应用安全、安全扫描工具、备份重要数据、入侵检测技术、日志与审计工具，以及生产环境中的用户权限管理的综合案例，兼顾了理论和实践操作。

本书将 Linux 网络安全方面的必备知识与实际应用案例相结合，配备了大量实操案例，读者可以一边阅读一边操作，遇到一些重点、难点均有对应的视频讲解，利用手机扫描案例旁的二维码即可实时观看。本书针对知识点配有具体的“实操”案例，供读者练习；每章还精心准备了“实战案例”，让读者对本章所学知识进行巩固练习；设置“专家有话说”和“知识拓展”环节，帮助读者拓展知识面；同时，本书还提供了程序源代码、教学视频及授课用 PPT 等丰富的学习资源，帮助读者更好地学习 Linux 网络安全技术的核心知识。

本书涵盖了 Linux 不同难度的网络安全实战案例，适合网络安全工程师、Linux 运维人员、软件开发人员、系统管理员以及大中专院校计算机相关专业师生等读者阅读。

图书在版编目（CIP）数据

Linux 安全实战/李强编著．—北京：机械工业出版社，2023.2
（2024.1 重印）
（Linux 技术与应用丛书）
ISBN 978-7-111-72508-4

Ⅰ.①L… Ⅱ.①李… Ⅲ.①Linux 操作系统-安全技术
Ⅳ.①TP316.85

中国国家版本馆 CIP 数据核字（2023）第 010815 号

机械工业出版社（北京市百万庄大街 22 号　邮政编码 100037）
策划编辑：丁　伦　　　　责任编辑：丁　伦
责任校对：韩佳欣　梁　静　　责任印制：单爱军
北京虎彩文化传播有限公司印刷
2024 年 1 月第 1 版第 2 次印刷
185mm×260mm · 12.25 印张 · 303 千字
标准书号：ISBN 978-7-111-72508-4
定价：79.90 元

电话服务　　　　　　　　　网络服务
客服电话：010-88361066　机　工　官　网：www.cmpbook.com
　　　　　010-88379833　机　工　官　博：weibo.com/cmp1952
　　　　　010-68326294　金　　书　　网：www.golden-book.com
封底无防伪标均为盗版　　机工教育服务网：www.cmpedu.com

前言 PREFACE

¤ 本书的策划背景

从《2021年中国网站安全报告》发布的漏洞技术类型来看，信息泄露占比高达36%。网络入侵事件层出不穷，黑客的攻击手段也呈越来越复杂和多样化的趋势。网络技术飞速发展的同时，也助长了那些入侵者的破坏力。面对日益严重的网络安全形势，当前急需构建更加安全强大且稳固的网络防御体系。

纵观整个IT行业，Linux因具有开源、免费等特点，以及丰富的生态环境和社区的技术支持，得到了广泛的应用。Linux操作系统运行在多种平台上，包括邮件服务器、Web服务器，而且作为软件开发平台也受到程序员的喜爱。Linux承载了互联网上大量不可或缺的基础服务，也正因为如此，常常成为黑客攻击的重要目标，因此保护Linux的安全也就变得更加重要了。

Linux是一个多用户系统，这意味着即使普通用户也需要懂得如何保护自己数据的安全。本书侧重于Linux网络安全实践，强调实践出真知，书中包含了海量案例让读者动手去实践。

¤ 本书的组织结构

本书围绕“安全”二字展开介绍，共13章，兼顾了理论和实践操作，各章节的具体介绍如下。

- 第1章介绍了信息安全和一些网络术语，引出网络安全。
- 第2章和第3章介绍了从网络层对Linux系统进行防护，学习OpenVPN和防火墙的相关设置，这是纵深防御的第一步。
- 第4章介绍了一些主流的网络分析工具，帮助读者学会使用工具找出网络安全问题的方法。
- 第5~7章从用户、文件系统到软件包等方面介绍了如何在操作系统层面上防护系统。
- 第8章介绍了Linux应用，只有保障了应用的安全，才能更好地避免黑客的入侵。
- 第9章介绍了安全扫描工具和相关使用案例，安全扫描是自我检查和排错的有效手段。通过扫描可以发现系统的不足和潜在的漏洞。
- 第10章介绍的数据备份和恢复是维护系统安全的关键，直接降低了数据被篡改和丢失的风险。
- 第11章介绍了入侵检测技术以及如何排查木马病毒。这样一来，只要发生入侵事件，用户就可以及时发现并找到系统漏洞。

- 第12章介绍了通过日志和审计相关的工具找到黑客留下的踪迹，了解黑客是如何入侵的，以及入侵后的行为，为提升系统安全提供强力支持。
- 第13章介绍了如何在企业生产环境下对用户的权限进行管理，并合理地分配用户的权限。针对企业不同部门和员工的具体工作职责，分层次实现对Linux服务器的权限最小化和规范化。既减少了运维管理成本，消除了安全隐患，又提高了工作效率，快速完成高质量的项目。

¤ 本书的特色

本书特色如下。

- **扫码观看视频** 本书将Linux网络安全方面的必备知识与实际应用案例相结合，读者可以一边阅读一边操作，遇到一些重点、难点均有对应的视频讲解，利用手机扫描案例旁的专属二维码即可观看所对应的教学视频。
- **众多实操训练** 书中的知识点配有具体的“实操”案例，理论结合实际、内容简练，有利于读者利用碎片化时间进行学习。每一章都精心准备了“实战案例”，帮助读者对本章所学知识进行巩固练习。
- **内容灵活丰富** 根据本章所介绍的内容，设置“专家有话说”和“知识拓展”环节，有利于读者拓展知识面。
- **海量学习资源** 本书提供了程序源代码、教学视频和授课用PPT等丰富的学习资源，帮助读者更好地学习Linux网络安全技术的核心知识，读者可以在扫描封底二维码后输入本书专属验证码进入云盘通过下载方式获取这些学习资源。
- **精准提炼知识** 本书在介绍Linux网络安全技术时，摒弃了冗长、枯燥的说教方式，而是采取以图代文、重点注释等灵活方式，突出了需要重点关注和学习的知识和技巧，提高了读者阅读体验并可以节省学习时间。

¤ 本书的读者对象

本书是一本侧重介绍Linux网络安全的书籍，涵盖了不同难度的网络安全实战案例，适合的读者群体如下。

- 网络安全工程师。
- Linux运维人员。
- 软件开发人员。
- 系统管理员。
- 大中专院校计算机相关专业师生。

本书内容建立在开源软件和开源社区的研究成果之上，由淄博职业学院李强编写，在此感谢每一位无私奉献的开源工作者及其所属的开源社区。由于时间有限，本书不足之处在所难免，敬请广大读者批评指正。

编　者

目录 CONTENTS

Chapter

1

网络人的自我修养

虽然 Linux 是一款被用户大量使用的开源操作系统，但开源并不意味着不需要关注它的安全性。在网络上针对 Linux 的攻击事件层出不穷。如果缺乏行之有效的防御措施和技术手段，那么保障数据安全将成为一句空话。本章将带大家了解信息安全的重要性以及有关网络的基础知识。

1.1 Linux 系统的安全感

计算机和软件安全一直是比较重要的技术话题，网络安全问题随之也成了人们讨论的热门话题。安全感的字面意思就是安全无虞的感觉，是一种个人内在的精神需求。在安全的这种状态下，系统是不受威胁的。随着互联网的快速发展，Linux 常常作为各种服务器被部署到互联网上，因此保障 Linux 系统的安全是非常重要的，我们必须要提高安全意识，做好安全防范。

难度：★

1.1.1 不容忽视的信息安全

Linux 作为互联网中重要的基础设施，保障其安全性是不言而喻的。历经这么多年的发展，Linux 功能更加健全，但是大家对 Linux 系统的安全问题关注不够。在网络上有很多专门针对 Linux 的攻击，我们有必要了解一些安全知识。

通过网络，人们获取了海量的信息资源，但却很容易轻视信息安全可能会造成的影响。对于信息安全，ISO（国际标准化组织）的定义是：为数据处理系统建立和采用的技术、管理上的安全保护，为的是保护计算机硬件、软件、数据不因偶然和恶意的原因而遭到破坏、更改和泄露。

通过这个定义，我们可以看到保障信息的机密性和完整性不容忽视。只有保障了 Linux 系统的安全，才能确保服务是安全的，那么服务提供的信息也才会有可靠性。

保障信息安全最重要的目的就是保护信息的机密性、完整性和可用性。在考虑信息安全时，需要将此三点作为重要的目标，并以此建立完善和有效的保护机制。

网络时代的高速发展，使信息呈现爆炸式的增长。现在人与人之间的距离就像唐诗“海内存知己，天涯若比邻”中说的一样。在畅游网络世界的同时，增强信息安全的意识很有必要。

信息安全的木桶原理

在安全防护时，信息安全的攻击和防护一般是不对等的。信息安全水平的高低遵循木桶原理，如图 1-1 所示。木桶原理讲的是一个木桶能装多少水，并不取决于最长的那块木板，而是由最短的那块木板决定。虽然有很多防护措施，但是信息安全水平的高低取决于防护最薄弱的地方。信息安全的木桶原理是指整体安全水平由安全级别最低的那部分所决定。

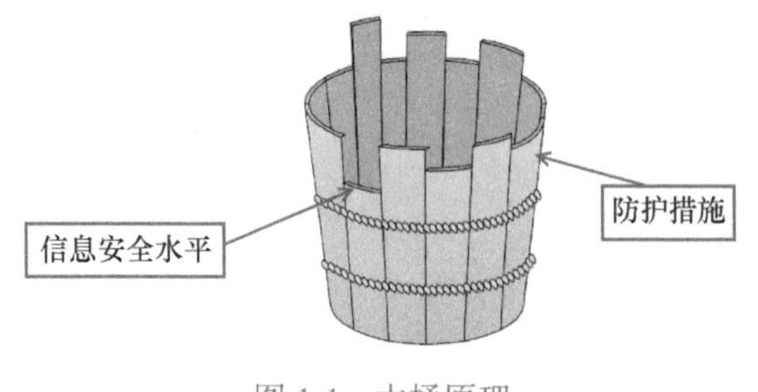

图 1-1 木桶原理

这么一看，最短的那块木板就决定了整体的安全水平。要想安全不受到威胁，还得想办法加固短板。

信息安全的建设涉及方方面面，是一个系统工程，它需要对信息系统的各个环节进行统一的综合考虑，任何环节上的安全缺陷都会对系统构成威胁。

信息安全与 Linux 系统安全的关系

在日常维护或开发中，只有保障了 Linux 系统的安全，才能保障那些依赖 Linux 提供服务的信息安全。我们需要知道，信息是有生命周期的，从它产生、收集、处理、传输、分析到存储或销毁等环节，每个阶段都可能会有大量的设备、平台和应用介入，如图 1-2 所示。为这些设备、平台和应用提供底层支持的，往往少不了 Linux 系统，它支撑了信息的整个生命周期。

其实，保障 Linux 系统的安全只是一种手段，最终目的还是保护存储在系统中的信息。如果一个 Linux 系统中没有存储、传输或处理任何有价值的信息等功能，那么这个系统也就失去了保护的价值。

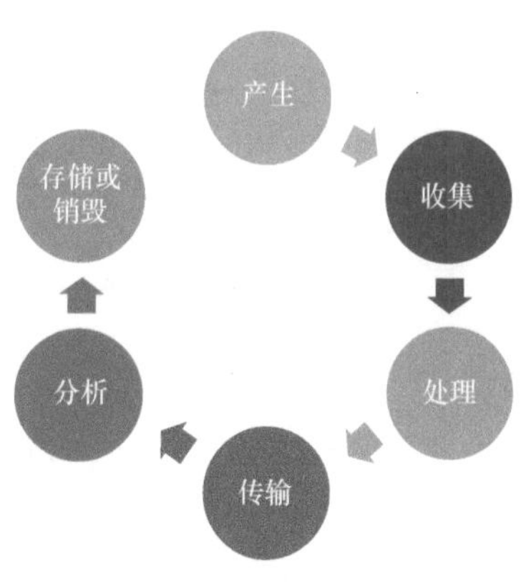

图 1-2　信息的生命周期

1.1.2　安全感也需要有原则

大部分人会认为“安全”只是用来阻止“黑客”入侵系统的，其实安全包含的范围要宽泛得多。

在安全方面，我们的目标是让系统、服务和数据对用户正确可用，同时拒绝一些未经授权的程序进行访问。

在制定保护 Linux 系统的规则时需要考虑很多问题。即使按照所学知识对 Linux 系统进行一系列的配置，也不能百分之百地保证这个系统就是安全的。如果某个人有足够的时间和资源，就总会找到入侵当前系统的办法，因此加固系统是一个永远都要做的工作。在每次掌握新技术后，都应该持续不断地更新系统的安全性能。

基本安全原则

要想保护 Linux 系统安全，就需要了解一些重要的安全原则，比如防御和加固原则等。以下是关于基本安全原则的说明。

（1）最小特权原则

最小特权原则简单来说就是，某个人只应该拥有完成某个特定工作需要的最低限度的权限，而不是更多的权限。在计算机安全领域中，系统管理员常常拥有管理设备的所有权限，但是普通开发者需要使用 su 或 sudo 这样的命令获取管理员权限，以便获取某些高级权限，这些用户之间的权限关系如图 1-3 所示。当普通用户申请某些高级权限时，可以对其适当授予部分特定的权限，但不要授予全部的权限。

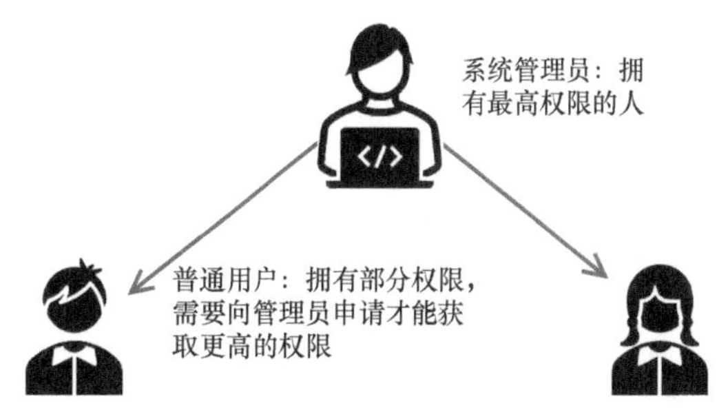

图 1-3　用户之间的权限关系

（2）深度防御

当只依赖于一种防御措施时，一旦被攻

破，系统便没有任何保护。深度防御则是不依赖于任何一种防御手段进行保护，而是建立层次分明的防御体系。对于系统安全来说，在网络中的每一层都应该限制来自其他网络的流量，服务器也应该有专属自己的防火墙规则。

（3）分区隔离

在过去很多基础设施只依赖某几个服务器，每个服务器上又运行着不同的服务。如果攻击者破解了其中一个服务，那么就可能会危及同一物理设备上的其他服务。现在随着虚拟机和云计算技术的发展，分区隔离将变得越来越容易。这样可以让数据存储在不同的数据库中，而重要的文件则不放在同一个服务器中。即使其中任何一个数据库被破解，攻击者也无法立即从设备中获取全部的数据。

1.1.3 不可小觑的威胁

了解一些安全手段是为了保障系统中数据的安全。与安全相对的是威胁，要想保障系统的安全，就需要了解在实际工作中有哪些潜在的威胁，这样才能有助于我们研究和开发相应的策略。

常见的安全威胁来源

在实际的安全工作中，常见的与信息安全相关的威胁来自多个方面，如图 1-4 所示。

图 1-4 常见的安全威胁来源

在威胁来源中，像自然灾害（比如地震、雷雨）、供电中断、网络通信故障和硬件故障都属于破坏物理安全，直接破坏了信息的可用性，导致业务中断，从而无法继续向合法授权的用户提供服务。病毒和蠕虫程序的散播会让资源被恶意占用，还有可能导致信息的非法泄露和被恶意篡改。在面对不同的威胁时，需要分门别类地总结和梳理，并制定相应的解决方案。

1.2 网络科普时刻

想正确地配置网络环境，维护系统安全，需要了解一些基本的网络知识，比如主机、IP 地址、协议和端口等。网络是一个非常宽泛的话题，本节虽然没有详尽地介绍所有的网络知识，但是对于学习和配置 Linux 网络，解决网络基本问题并保护网络连接还是够用的。

难度：★★

1.2.1 不可不知的网络专用术语

当两台或多台计算机通过某种连接进行通信时，就会形成一个网络。网络的连接方式可以通过不同的技术创建，比如以太网、光纤和无线技术等。加入网络的每台计算机都被称为主机（host），比如台式计算机、笔记本（即笔记本电脑）、打印机、路由器甚至手机。

数据在网络上传输时是通过网络数据包（Network Packet）完成的。网络数据包是一种预先定义好的消息结构体，包括数据和元数据，也叫包头（Packet Header）。包头中有目的地信息，包括目标主机的 IP 地址和端口。

放在网络数据包中的数据必须以接收方能够理解的格式存在。这就需要用到协议（Protocol），它是两个主机之间定义好的网络通信标准。

网络通常分为局域网（Local Area Network，LAN）和广域网（Wide Area Network，WAN）两种类型，示例如图 1-5 所示。局域网由同一网络中直接通信的主机构成，广域网由通过路由器或交换机等进行通信的 LAN 组成。从某种意义上来讲，每个城市相当于 LAN，整个国家甚至是全世界相当于 WAN。

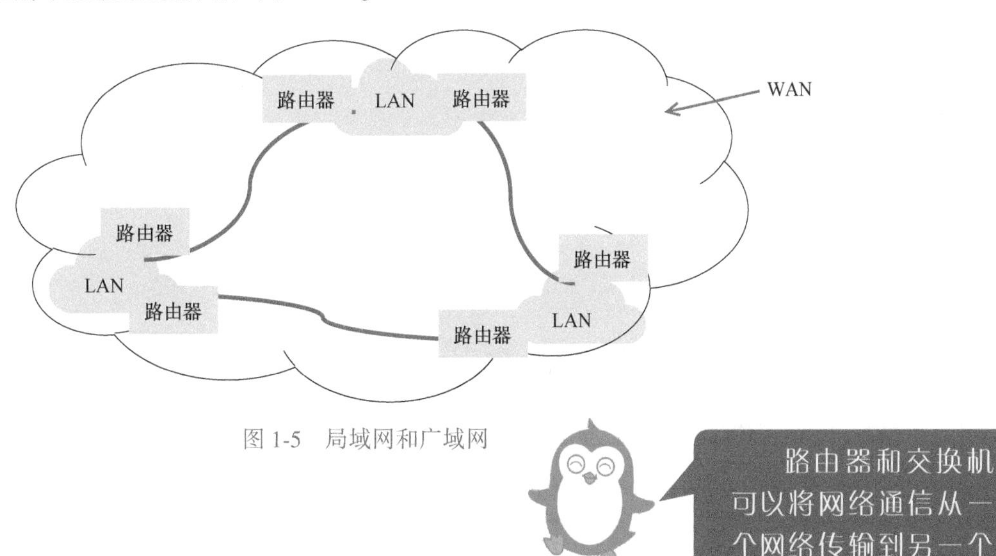

图 1-5　局域网和广域网

路由器和交换机可以将网络通信从一个网络传输到另一个网络中。

1.2.2 关于 IP 的小知识

IP 地址指的是互联网协议地址，网络上每一台计算机的 IP 地址都是唯一的。IP 地址有两种不同的版本，即 IPv4 和 IPv6。最先出现的版本是 IPv4，随着互联网的迅速发展，计算机用户增多，IPv4 定义的有限地址迟早会被使用完，因此新增了 IPv6，扩大了地址空间。

IPv6 通常被认为更安全，但是如果在连接网络的系统上使用该地址，网络数据包有可能会被转换成 IPv4 数据包。IPv6 提供的安全功能通常只在组织内部生效。

现在还没有完全切换到 IPv6 的原因有很多，这里主要介绍两点。一是将整个网络从 IPv4 切换到 IPv6 并不是一件简单的事情；二是随着 NAT（网络地址转换）技术的应用，消除了人们对 IPv4 不够用的担忧。IPv4 仍然是目前上网使用的主要协议地址。

IPv4 和 IPv6 的区别

IPv4 和 IPv6 有许多不同之处，这里列出了一些主要的区别，如表 1-1 所示。表中虽然不是 IPv4 和 IPv6 的全部差异，但是也让我们明白了 IPv6 是相对更先进的。

表 1-1 IPv4 和 IPv6 的区别

版本	地址划分	可用主机数	其他配置
IPv4	点分十进制表示法，是一个 32 位数字	不进行子网划分的情况下约有 40 多亿个	依赖于其他协议为网络数据包提供安全性
IPv6	十六进制表示法，是一个 128 位的数字	比 IPv4 大得多，而且不需要进行子网划分	具有更高效的路由技术，内置安全功能

通过 NAT 技术，路由器只需要一个能在因特网（Internet）上通信的 IPv4地址即可。路由器连接到的 LAN 使用另一组 IP 地址（私有 IP 地址）。私有 IP 地址不能在网络上直接使用，通过 NAT 技术可以让局域网中的主机间接访问外部网络。

IPv4 地址的分类

IPv4 地址由 4 个以点分隔的十进制数字组成（比如 192.168.100.25），每个数字表示一个 8 位字节。IPv4 地址被分成 5 个类别，如表 1-2 所示。每一个类别由 IP 地址的第一个数字决定。

表 1-2 IPv4 地址分类

类别	说明
A	从 1.x.x.x 到 126.x.x.x，包含 126 个网络，每个网络最多可容纳 1600 万台主机，第一个数字定义网络地址，其余数字定义主机地址
B	从 128.x.x.x 到 191.x.x.x，大约包含 16000 个网络，每个网络最多可容纳 65000 个主机
C	从 192.x.x.x 到 223.x.x.x，大约包含 200 万个网络，每个网络可容纳 254 个主机
D	从 224.x.x.x 到 239.x.x.x，仅用于组播
E	从 240.x.x.x 到 254.x.x.x，仅用于实验和开发

1.2.3 网络端口和协议

服务与端口的映射关系一般保存在/etc/services文件中。不过，大多数服务在配置文件中都有一个配置项，用于表示该服务将要使用的实际端口。

协议是一种通信标准，比如Web服务器通常使用HTTP作为客户端与服务器之间的通信标准。服务器可以支持多个协议，比如Web服务器还可以使用FTP和HTTPS等协议。协议用于从网络的更高层次定义网络操作。

常用的网络端口

我们需要了解一些常见的端口以及对应的服务，如表1-3所示。

表1-3 常用网络端口

端　口	说　明
20和21	FTP，用于主机之间传输文件
22	SSH，用于远程连接，一般会连接到远程系统然后执行命令
23	telnet，用于连接到远程系统并执行命令
25	SMTP（简单邮件传输协议），用于发送电子邮件
53	DNS（域名服务器），用于将计算机名称转换成IP地址
80	HTTP（超文本传输协议），用于访问Web服务器
110	POP3（邮局协议版本3），用于接收电子邮件
143	IMAP（因特网邮件访问协议），用于接收电子邮件
443	HTTPS（超文本传输安全协议），用于在加密的连接上访问Web服务器
514	Syslog（日志系统），用于将系统日志发送到远程主机中

常用的协议

除了常见的端口和服务，一些重要的协议也需要我们了解，如表1-4所示。这些协议是网络安全中比较重要的协议簇。

表1-4 常用的协议

协　议	说　明
IP	负责在主机之间传输网络数据包。通常网络数据包在到达目的地之前会通过几个路由器转发
TCP	该协议补充了IP的部分功能，它可以确保数据包以可靠有序的方式送达。如果有数据包丢失，该数据包会被重传。通常传输数据包比UDP传输慢
UDP	该协议同样补充了IP的部分功能，与TCP功能类似，不过比TCP传输数据快。由于UDP是无连接数据传输的，所以不如TCP可靠
ICMP	用来发送错误信息和确定网络设备状态。该协议只是用来发送简单信息的，而不是用于设备之间的数据传输

1.2.4 基本的网络加固

基本的网络加固不需要额外的软件或复杂的设置，主要是操作哪些主机之间可以相互通信。不过在实际操作中，定义安全防火墙规则和网络安全总体策略有时会变得复杂。

在进行网络加固时，可以采用最小权限原则。在设置防火墙规则时，默认先阻止所有的流量，然后添加防火墙规则以便允许需要的访问。

虽然防火墙规则会保护网络避免未经授权的访问，但是对于中间人（MITM）攻击，防火墙作用不大。通常攻击者会在传递数据之前修改数据以便隐藏攻击行为。缓解 MITM 攻击的最简单方法之一是在网络通信中使用 TLS（安全传输层协议）。TLS 使用网络流量加密和服务器身份验证来阻止 MITM 攻击。这样攻击者将无法看到客户端与服务器端之间的秘密和数据。

TLS 身份验证

使用 TLS 时，客户端会对服务器进行身份验证，然后启用加密会话。服务器向客户端提供由客户端具备合法登录信息人的签名证书，如图 1-6 所示。TLS 也允许服务器对客户端进行身份验证，不过这种做法不太常见。

图 1-6　TLS 身份验证

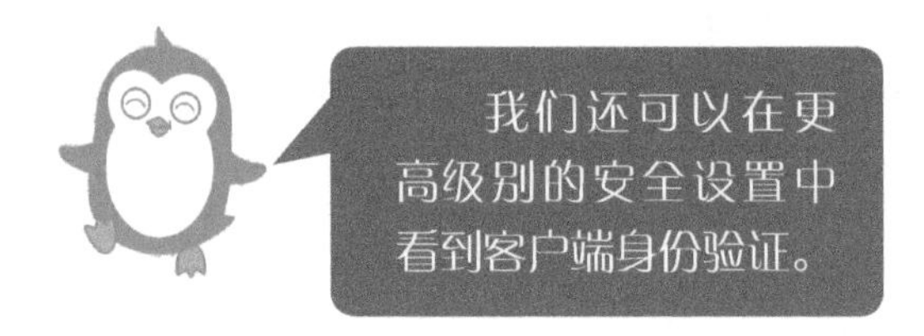

1.3 安全措施与管理

现代生活的方方面面都依赖很多网站账号，这就导致攻击者发掘网站漏洞的机会变得更多。即使攻击者的技术水平不能发现 Web 服务的安全漏洞，也会破解用户密码入侵账户。这里将带大家介绍一些应对攻击者的安全措施以及管理方式。

难度：★★

1.3.1 针对攻击者的安全措施

提高安全性最重要也最简单的做法之一就是及时更新安全补丁。大多数攻击者会通过扫描手段确定用户正在运行的软件版本，然后搜索该版本中还未修补的、可利用的漏洞。

在 Linux 系统中会有多个用户账号，应该避免使用共享账户，否则一旦系统出现问题，将很难判断错误的责任人是谁，而个人账户可以让我们知道登录账户人员的身份。如果攻击者使用此账号进行破坏性活动，就可以更加容易地追踪其行动轨迹。除了避免使用共享账号，还应该在这些账号的生命周期内对其进行维护。

另外，了解密码破译者使用的工具和技术也是非常重要的。通过了解攻击者是如何尝试破译密码的，可以避免使用更容易被破解的密码，还可以在系统中更安全地存储密码。虽然攻击者会通过直接猜测尝试破解密码并登录账户，但是他们还是会尝试破解存储在单向散列中的密码。单向散列是一种字符串的加密方式。

密码破解技术

密码破解的工具和方式有很多，比如流行的散列密码破解工具 John the Ripper 和 Hashcat。很多密码破解工具是专门为破解散列密码设计的，它们不会直接解密密码，而是尽可能多地猜测密码，并将输出与密码的散列值进行比较。常见的密码破解技术如表 1-5 所示。

表 1-5　常见的密码破解技术

技　术	说　明
暴力攻击	简单地枚举每一种可能的密码组合，直到找出密码。但是此方式破解密码耗时较长，只有在其他快捷方式无效时才会使用这种方式
字典攻击	通过创建较短的常用密码字典并对其进行尝试，以避免暴力攻击面临的海量计算。暴力攻击可能需要经过数十亿次的猜测，但是使用字典攻击可能仅需几十或几百次，甚至一次就能猜到
改进版字典攻击	在字典中增加更为复杂的字典单词，并且对字典中的所有单词进行一定程度的变换，以便匹配更复杂的密码
优化版暴力攻击	考虑用户惯用的密码选取方式，以减少在暴力攻击中要尝试的密码组合总数
彩虹表	强大之处在于仅需计算一次，耗时长短取决于硬件性能，可能只需要数秒钟或几分钟

如果说初级攻击者使用密码破解器破解普通密码，那么高级的攻击者则是为了竞技而破解密码，还会配备价格高昂的专用设备。

密码破解对策

由于密码破解技术在速度和先进性方面都在不断提高，所以相应的对策也需要不断提高。这里主要介绍两种防御对策，如表 1-6 所示。

表 1-6　两种防御对策

对　策	说　明
散列算法与盐值（salt 值）	选择不同的散列算法进行优化。散列算法可以在密码输入时添加盐值。盐值是一个额外的随机字符串。当密码被散列时，它与密码组合起来作为输入。使用盐值可以让破解工作变得非常耗时
多因素身份验证	在密码的基础上额外添加一层安全保护，要求攻击者在访问账户之前需要破解另一种类型的认证。这种对策是应对密码破解的好方法

1.3.2 考虑管理因素

要想保障信息安全和系统安全，除了掌握必要的技术手段之外，还需要考虑管理因素，也就是管理员工、流程和制度。这些都是不可忽视的重要因素。比如加强公司员工的安全意识培训、注重密码安全、禁止使用破解版软件、组建合理的安全组织结构等。

加强安全意识

在信息泄露事件中，一部分是由于公司内部员工缺乏安全意识导致的。这会导致部分员工受到钓鱼邮件的威胁，这些电子邮件几乎真假难辨。钓鱼邮件的攻击流程如图 1-7 所示。黑客会针对某些特定的员工发送钓鱼邮件，当员工打开此邮件后就会释放恶意代码，通过员工连接的网络访问外部恶意网站，从而下载更多恶意软件。

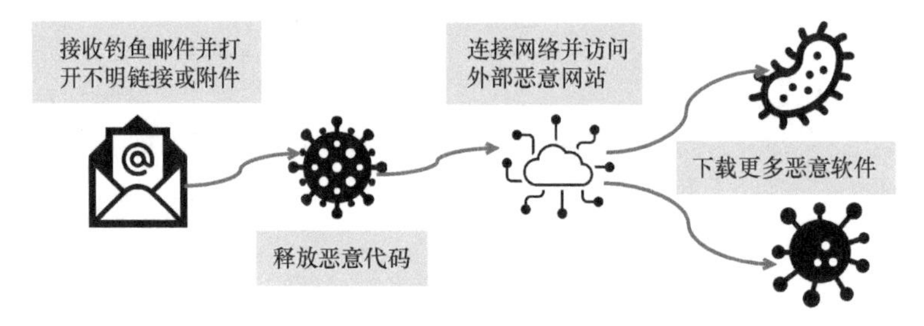

图 1-7 钓鱼邮件的攻击流程

在日常工作中，注意不要打开未知来源以及与工作无关的邮件，尤其是那些具有诱惑性标题的邮件。在发现钓鱼邮件后也要及时通知公司安全管理人员。

注意弱密码问题

从大量的安全事件中可知，弱密码（即容易破解的密码）问题是导致许多安全事件的罪魁祸首。很多时候，黑客入侵系统并不需要高超的技术，而是从弱密码入手就可以攻破公司整个信息基础设施。所以我们应该要特别注意弱密码问题，在任何环境和系统中都不能使用弱密码，主要原因如下。

- 系统中常常保存着重要的数据，比如源代码、数据库信息。
- 系统中如果设置弱密码可能会通过发布系统等方式将风险传递到其他重要的服务器中。

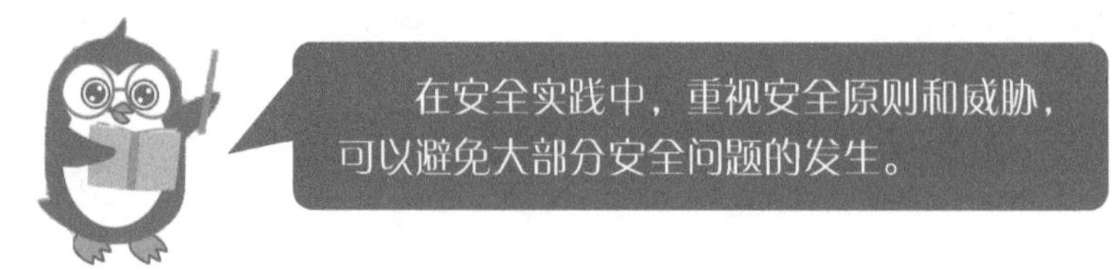

1.4 【实战案例】故障的简单处理

当系统出现问题需要排除故障时，我们可以利用所学知识对故障进行简单的处理，收集与问题相关的所有步骤，然后确定导致故障的可能原因。之后就可以有针对性地解决问题了。

难度：★★

处理故障信息

在采取一个处理措施之前，可以先将解决问题的操作记录下来，方便之后的复盘。这样可以判断哪些操作是解决问题的重要步骤，而哪些操作是更容易被忽略的步骤。有些问题会重复出现，我们可以创建一个技术文档，将故障的解决方法记录其中，方便以后查阅。

收集故障信息

如果在对文件执行操作时发生了错误，我们可以根据提示的信息确定故障发生的原因。使用 cp 命令复制当前目录中的文件，会提示 missing destination file operand after 'cmd.txt'，这是命令执行失败后输出的信息。据此可以判断此次故障的简单原因。如果想获取更多信息，也可以尝试执行 cp --help 命令获取更多信息。

```
[root@localhost ~]# cp cmd.txt
    cp: missing destination file operand after 'cmd.txt'  ←---- 输出的故障信息
    Try 'cp --help' for more information.
    [root@localhost ~]# cp --help  ←---- 获取更多关于 cp 命令的帮助信息
    Usage: cp [OPTION]... [-T] SOURCE DEST
      or:  cp [OPTION]... SOURCE... DIRECTORY
      or:  cp [OPTION]... -t DIRECTORY SOURCE...
    Copy SOURCE to DEST, or multiple SOURCE(s) to DIRECTORY.

    Mandatory arguments to long options are mandatory for short options too.
      -a, --archive                same as -dR --preserve=all
          --attributes-only        don't copy the file data, just the attributes
          --backup[=CONTROL]       make a backup of each existing destination file
    ……省略……
```

我们可以尝试多种方式以便输出更多有用的信息，比如对于 cmd.txt 文件还可以使用 ls 命令输出更多关于此文件的信息。

确定故障的可能原因

如果不明白当前系统为什么发生了故障，可以使用其他资源确定故障发生的原因，比如阅读 Linux 的技术文档（man page）、咨询系统管理员等。方式虽然可以多种多样，但快速直接的方式是在网络上查询收集的故障信息，如图 1-8 所示。这样可以快速确定故障原因，有利于找到解决方法。

图 1-8　网络查询结果

1.5 【专家有话说】高级攻击者

当面对高级攻击者的威胁时，就需要修改和完全替换自己的防御策略。高级攻击者为了竞技破解密码，会配备一些专用的硬件设备。他们会提取和复制指纹、仿制安全令牌，编写有针对性的漏洞攻击程序。面对高级攻击者的威胁，需要了解一些高级使用者常使用的技术以及应对措施。

难度：★★

针对高级攻击者的措施

现在密码破解成为一项竞技运动，在一些相关竞赛中，会评比哪些团队在有限的时间内破解更多的散列密码。经过不断发展，现在的密码破解已经变成具有竞争性的领域。借助计算机的计算能力，可以应对更多挑战。

一般来说，针对高级密码的破解对策往往无法与密码破解技术的发展相提并论。发动攻击的人使用的技术往往更厉害，这也驱使防御要不断发展。

面对高级密码破解技术，仍然可以部署一些安全措施保护自己的系统。

高级密码破解技术和对策

很多破解专家希望借助计算机优秀的计算能力可以破解更多数据库中的散列密码。当然，针对破解技术也产生了相应的破解对策，具体介绍如表1-7所示。

表1-7　破解技术、对策及技术手段

破解技术和对策	技术手段	说　明
破解技术	密码数据库的转储	互联网用户日益增多，个人数据对身份盗用很有价值，这会促使很多攻击者寻找更大的用户数据库。被转储的数据会成为攻击者的攻击对象。有时候在主流网站上使用的密码会流入破解者的字典中，这也使得他们可以快速攻击用户系统
	基于互联网的密码字典	除了短密码，用户有时也使用短语作为密码。而破解者也将互联网作为一个庞大的短语数据库，甚至是一些网络上的用户评论。这也充分说明利用一些流行的短语作为密码已经不再安全了
破解对策	密码pepper（为一个字符串，通常是一个随机数，是为了增加密码的安全性而存在的）	除了添加盐值之外，在散列算法中添加pepper也是针对破解的防御措施。pepper存储在数据库之外，导致攻击者无法对散列密码进行暴力攻击
	密码字典过滤	在选取密码之前检查是否存在于密码字典中。用户在提交密码时除了需要判断是否符合密码策略之外，还需要检查是否处于密码字典中

了解攻击者的密码破解技术，可以帮助我们更好且有针对性地研究和开发应对策略。虽然一些攻击者使用的技术很先进，但是也可以据此部署一些安全措施进行防御。

本章介绍了信息安全的概念，帮助读者了解了木桶原理，知道了信息安全的原则和常见的威胁来源。通过对网络术语的介绍，帮助读者了解了网络的两种类型——广域网和局域网，IP相关的知识和端口协议。同时还针对攻击者介绍了一些安全措施和安全管理意识。通过本章的学习，读者可以更好地理解信息安全的完整性和可用性，提高系统的安全管理。

知识拓展——如何高效地上网查询信息

人们常常需要花费大量的时间去筛选无用的信息，下面介绍几个提升搜索信息质量的方法，帮助大家快速从网络中获取有价值的信息。

（1）具备搜索思维

简单来说就是知道如何在搜索引擎中输入搜索关键词。无论输入的是长句子还是短句子，搜索引擎都会将句子拆分成多个词组，最后在海量的信息中检索这些词组，因此尽量不要使用过于口语化的句子或者抽象的句子和关键词进行搜索。同理搜索图片也是如此。比如想知道成为Linux运维工程师需要具备哪些技能，可以在搜索引擎中输入“Linux运维技能”关键词进行搜索，如图1-9所示。注意，这里是在Google Chrome浏览器中使用

Bing（必应）搜索引擎进行演示的。

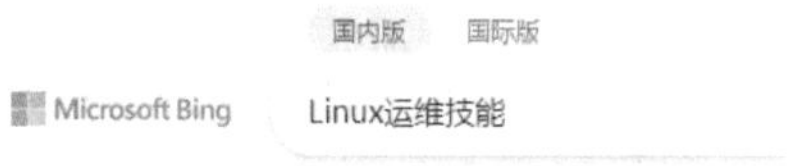

国内版 国际版
Microsoft Bing Linux运维技能

图 1-9 关键词搜索

（2）使用+和–实现精准搜索

通过+和–符号可以对搜索结果进行适当过滤，极大提升获取信息的速度，搜索格式如下。注意在+和–符号的前面有空格，后面连接要增加或排除的内容。

关键词 1 +关键词 2 ⟶ 搜索关键词 1 的同时包含关键词 2。

关键词 1 –关键词 2 ⟶ 搜索关键词 1 的同时排除关键词 2。

关键词 1 +关键词 2 –关键词 3 ⟶ 搜索关键词 1 的同时包含关键词 2，排除关键词 3。

比如在搜索引擎中输入“Linux 运维技能”，结果中会包含很多广告，这时使用–可以将广告过滤，方法如图 1-10 所示。

国内版 国际版
Microsoft Bing Linux运维技能 -广告

图 1-10 使用–精准搜索

（3）使用 site 命令在指定网站进行搜索

在这个搜索方法中 site 命令后面的冒号必须是英文半角状态下输入的，搜索格式如下。使用这个方法需要知道目标网站的域名，同时可以结合+和–实现精准搜索。

site：网站域名 关键词 ⟶ 在指定的网站中搜索包含关键词的信息。

比如搜索豆瓣网站中《小王子》这本书的所有书评，方法如图 1-11 所示。

国内版 国际版
Microsoft Bing site:douban.com 小王子 +书评

图 1-11 在指定网站搜索

（4）使用 filetype 命令搜索指定格式的文档

使用此方法可以让我们快速找到指定文件格式的文档资料，搜索格式如下。注意冒号必须是英文半角状态下输入的。该方法可以结合+和–实现精准搜索。

filetype：文件格式 关键词 ⟶ 查找指定格式的文件。

比如我们想要从网上下载一份关于 Linux 运维技巧的 pdf 格式文件，方法如图 1-12 所示。“–广告”可以排除结果中的广告。

国内版 国际版

Microsoft Bing filetype:pdf Linux运维技巧 -广告

图 1-12 搜索指定格式文档

（5）使用 intitle 命令，使搜索结果中包含想要的关键词

在这个方法中，“关键词 1”和 intitle 之间是有空格的，冒号必须是英文半角状态下输入的，搜索格式如下。该方法可以结合+和-实现精准搜索。

关键词 1 intitle：关键词 2 ⟶ 查找关键词 1 的同时，结果中也包含关键词 2。

比如想要搜索英语培训机构的联系方式，可以使用如图 1-13 所示的方法进行搜索。

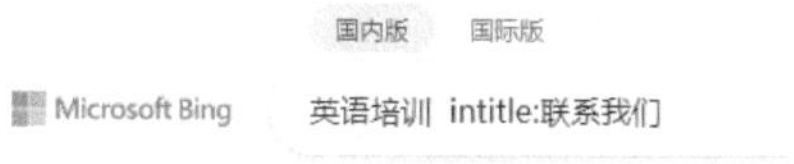

国内版 国际版

Microsoft Bing 英语培训 intitle:联系我们

图 1-13 使用 intitle 命令搜索

（6）限定搜索时间

现在信息的更新迭代速度非常快，在网上搜索信息时如果需要排除一些陈旧的信息，可以进行时间限定，搜索格式如下。其中 .. 必须是英文半角状态下输入的。

关键词 时间 .. 时间 ⟶ 查找包含关键词的信息，并限定在指定的时间范围内。

比如想要搜索 2019 年至 2021 年的人均收入情况，方法如图 1-14 所示。搜索出来的结果将会是该限定范围内的信息。

国内版 国际版

Microsoft Bing 人均收入情况 2019..2021

图 1-14 限定时间搜索信息

以上是分享给大家的几条搜索技巧，希望可以提升大家搜索信息的质量和速度。

Chapter

2

玩转虚拟专用网络

虚拟专用网络使用加密技术为通信提供安全保护，以防止窃听和外部的攻击，现在已被广泛地应用到远程互联中。对于第一次接触 VPN 的读者以及用过 VPN 但是不知其所以然的读者，希望大家通过学习本章的内容，可以解开心中的一些困惑。

2.1 认识 VPN

通常一个技术的出现是由于某种开发需求，在 VPN（虚拟专用网络）技术出现之前，不同办公场所互联往往需要投入较大成本用于租赁专用线路。VPN 被定义为通过一个公共网络（通常是指 Internet）建立一个临时的、安全的连接，是一条穿过混乱的公用网络的安全、稳定的隧道。

难度：★

2.1.1 便捷的 VPN

VPN 通过在现有的 Internet 中构建专用的虚拟网络，可以实现总部和分部的通信，解决了安全通信的问题。

VPN 技术为用户带来了诸多好处，降低了设备、通信等成本。目前，国内与网络相关的市场增长速度很快，随着国内网络带宽的逐渐改善，具备很多优点的 VPN 在国内也会展开如火如荼的落地应用。

使用 VPN 进行安全通信

在 VPN 没有出现之前，企业总部和分部之间通常采用 Internet 进行通信，但是这样缺乏安全性，通信内容有可能会被窃取。VPN 通过在现有的 Internet 中构建专用的虚拟网络，可以实现总部和分部的通信，解决了安全通信的问题，如图 2-1 所示 .

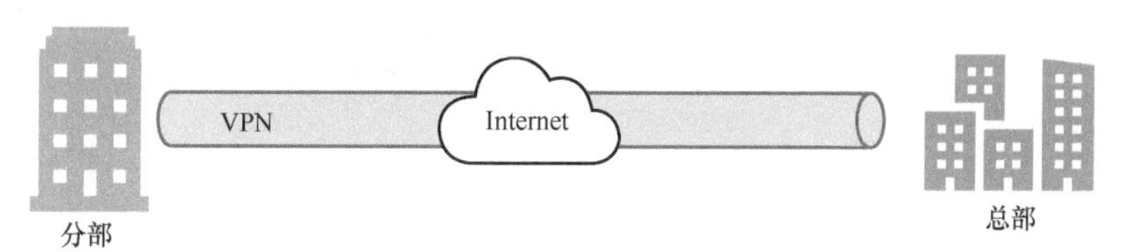

图 2-1　VPN 安全通信示意图

这样一来，无论是分部还是在外出差的员工，都可以在这个虚拟专用网络中传输数据，实现在 Internet 中进行安全、可靠的连接。

VPN 的特点

与传统的广域网相比，VPN 可以减少企业的运营成本和连接成本，在公用网络上建立专用网络进行加密通信，其特点如图 2-2 所示。

2.1.2 VPN 的工作流程

VPN 技术在企业网络中有着广泛的应用，结合多种技术保证了传输内容的完整性和机密性。

在用户相互通信的过程中，VPN 会保护主机发送明文信息到其他 VPN 设备。然后根据网络管理员设置的规则，确定是对数据进行加密还是直接传输。之后会对需要加密的数据加上新的数据报头重新封装。封装后的数据包会通过隧道在公共网络上传输。数据包到达目的 VPN 设备后将其解封，核对数字签名无误后，对数据包解密。

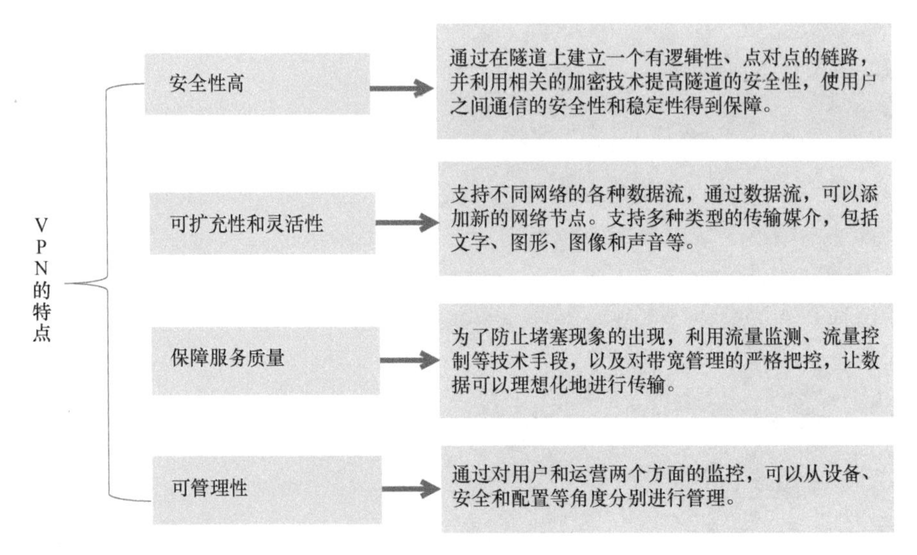

图 2-2　VPN 的特点

 **VPN 的基本工作流程**

对于 VPN 的工作流程，可以进行以下简单的总结，具体如图 2-3 所示。

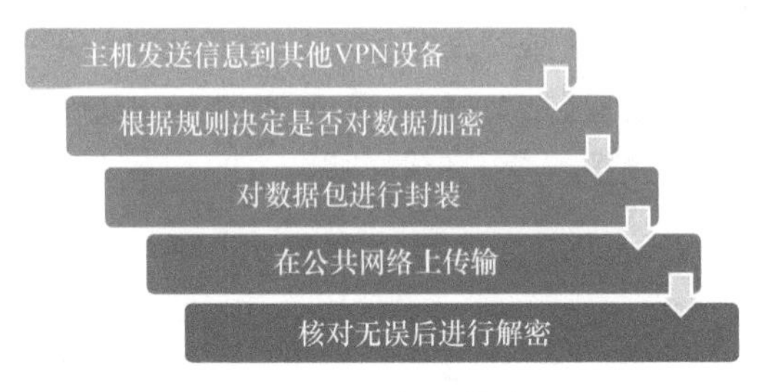

图 2-3　VPN 的工作流程

2.1.3　实现 VPN 的关键技术

一个优质的 VPN 可以提供便捷的用户体验。为了更好地为用户服务，VPN 主要采用了隧道技术、加密解密技术、密钥管理技术和身份认证技术。其中隧道技术（Tunnelling）是 VPN 的核心技术。

使用隧道技术可以传递不同协议的数据包，被封装的数据包在网络上传递时所经过的逻辑路径就是隧道。在 VPN 的连接过程中可以根据需要创建不同类型的 VPN 隧道。

密钥管理技术指的是自密钥产生到密钥销毁的过程，其中包括密钥的生成、存储、分配等。限制密钥的长度和其使用时间是保证密钥安全的基础。

身份认证技术是为确认用户身份而产生的一种技术，是信息安全技术的重要组成部分。用户在访问之前，首先要通过身份认证系统进行身份信息校验，通过后方可访问。常用的身份认证方式有用户名密码认证、智能卡认证、动态口令认证、生物特征认证和数字证书认证等。

在网络中，身份认证可以确认操作者的身份，是一种有效地保证信息安全传输的技术。

加密和解密技术的算法

为了重要的数据可以安全地在公共网络中传输，VPN 采用了加解密技术，通过这种技术可以对密钥进行管理。加解密技术主要采用了对称加密算法、非对称加密算法和完整性算法三种算法。

下面通过示例说明对称加密算法。某次战争时期红方 3 军团与红方 5 军团要使用电报进行情报交流，但不能被其他人知道，电报需要以密文形式发送，双方会进行如图 2-4 所示的几个步骤。

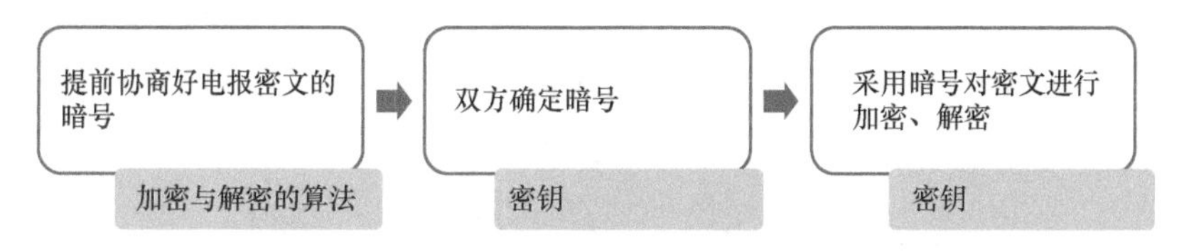

图 2-4 对称加密算法示例

这里的对称加密算法中加密和解密使用同一个密钥（对称密钥），而非对称加密算法双方加密和解密用的不是同一把钥匙，需要两把密钥，即公钥和私钥。

完整性算法用于保障数据在传输过程中的完整性，防止非授权方对数据进行更改，比如篡改、插入和删除等操作。

2.1.4 VPN 的用途

VPN 能够让移动用户、远程用户、商务合作伙伴和其他人利用市地可用的高速宽带网连接到企业网络，从而不再受地域的限制。

VPN 用途的具体表现

VPN 最常用的一种情况就是远程访问互联网。让在不同地方的各个下级子公司或合作单位通过公共网络与公司总部的网络连接，这些分布在不同地方离散的子网连接到一起，就好似一张覆盖范围更广的专用网络，如图 2-5 所示。

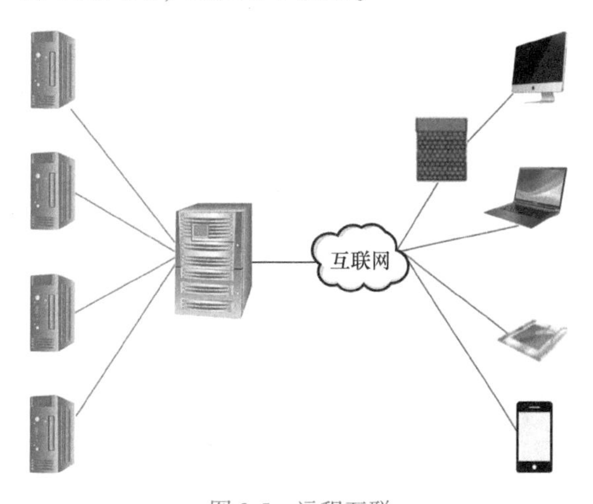

图 2-5 远程互联

这种方式对在外出差的员工也比较友好，员工只要在有 Internet 的地方都可以通过接入 VPN 访问内网资源。

除了进行远程访问，也可以将两个局域网联系在一起。在这种工作模式下，整个远程网络可以加入到一个不同的公司网络，以形成一个扩展的企业内部网，如图 2-6 所示。

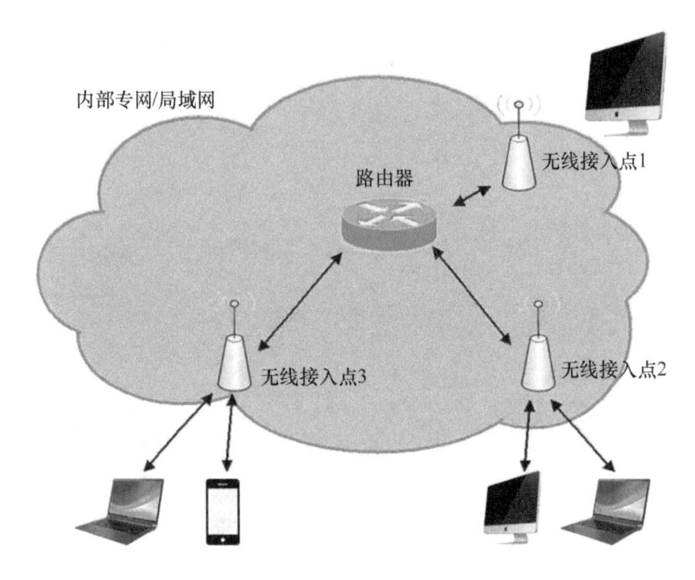

图 2-6 局域网互联

这种方式既能满足企业和部门所需的局域网，为日常事务处理带来了便利，还可以解决有些企业不同部门之间，局域网的相互独立导致未实现真正意义上信息共享的问题，通过局域网互联，可以实现真正的信息共享，使沟通更加便捷。

2.2 VPN 技术干货

隧道技术是 VPN 技术的核心，按不同的划分标准可以有不同的分类。按照 VPN 的协议分类，可以分为 PPTP、L2TP 和 IPSec 三种协议。其中 PPTP 和 L2TP 工作在 OSI 模型的第二层，属于二层隧道协议；而 IPSec 工作在 OSI 模型的第三层，属于三层隧道协议。本节主要对这三种协议进行介绍。

难度：★★

2.2.1 追求速度的 PPTP

点对点隧道协议（Point to Point Tunneling Protocol，PPTP）是在 PPP（点对点协议）的基础上研发的一种全新的增强型协议，支持多协议虚拟专用网络，也就是 VPN。通过密码传输协议、扩展认证协议增强数据传输的安全性，使远程用户拨入 ISP（网络业务提供商），直接连接网络或者其他安全网络访问企业网。

公司间的 PPTP 连接

PPTP 允许企业通过私人“隧道”在公共网络上扩展自己的企业网络。实质上，它只需要用户名、密码和服务器地址就可创建连接。PPTP 在 VPN 协议中是速度最快的协议，主要用于流媒体和游戏中。公司和公司之间通过 PPTP 连接的示例如图 2-7 所示。

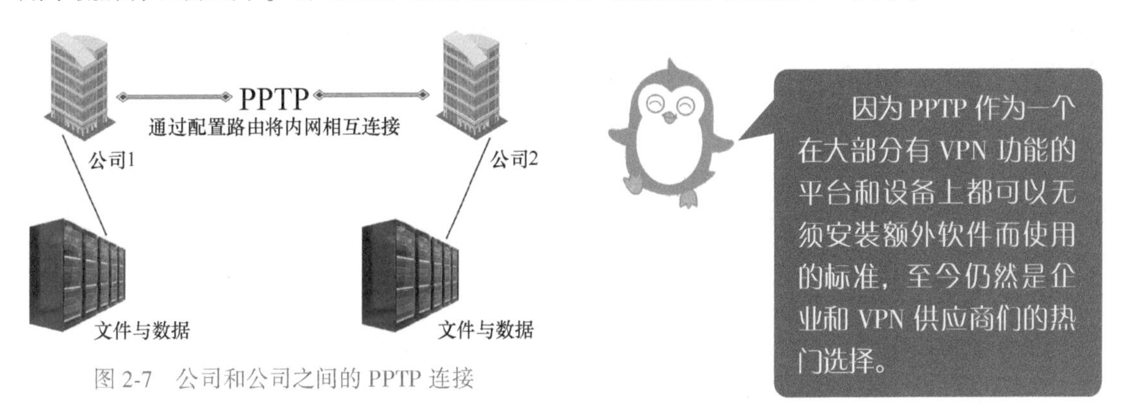

图 2-7　公司和公司之间的 PPTP 连接

2.2.2　支持远程接入的 L2TP

第二层隧道协议（Layer 2 Tunneling Protocol，L2TP），是一种工业标准的 Internet 隧道协议（虚拟隧道协议），通过在公共网络上建立点到点的 L2TP 隧道，将 PPP 数据帧封装后通过 L2TP 隧道传输，使得远端用户（比如企业驻外机构和出差人员）利用 PPP 接入公共网络后，能够通过 L2TP 隧道与企业内部网络通信，访问企业内部网络资源，从而为远端用户接入私有的企业网络提供了一种安全、经济且有效的通信方式。

L2TP 的特点

与前面介绍的 PPTP 相比，L2TP 有如下特点。

- L2TP 自身不提供加密与可靠性验证的功能，通常与 IPSec（互联网安全协议）协议搭配，从而实现数据的加密传输。
- IPSec 提供加密和控制隧道内的数据包，加密端点之间的 L2TP 数据包。当这两个协议搭配使用时，通常合称为 L2TP/IPSec。

2.2.3　值得信赖的 IPSec

网络千万条，安全第一条。随着网络规模和复杂度的提升，底层网络的传输安全显得非常重要。通信双方需要一个真正在 IP 层提供安全性的方法，保证发送和接收的数据是安全的。

互联网安全协议（Internet Protocol Security，IPSec）是一个协议包，通过对 IP（网络互连协议）的分组进行加密和认证来保护其网络传输协议簇（一些相互关联的协议集合）。特定的通信双方在 IP 层通过加密与数据源认证等方式，保证 IP 数据包在网络上传输的安全性和完整性。

IPSec 是为 IP 网络提供安全性的协议和服务的集合，能为上层协议和应用提供透明的安全服务。所谓透明，就是在整个 IPSec 的工作过程中，用户是感知不到的。既保证了用户的数据安全，又不给用户添麻烦，这在企业的实际应用中也是比较注重的。

AH 协议的组成

IPSec 是一组 IP 安全协议的集合，是一个体系结构，由 AH 协议、ESP 协议、加密和认证算法（即对称加密算法和非对称加密算法）、密钥管理和安全协商几部分组成。

对于 AH 协议，AH 认证头部指一段报文认证代码，在发送 IP 包之前，它已经被事先计算好。发送方用一个加密密钥算出 AH，接收方用同一个或另一个密钥对其进行验证。AH 有两种工作模式，分别是传输模式和隧道模式。

在传输模式中，AH 位于 IP 包头后，上层协议包头（比如 TCP）前。AH 协议的传输模式如图 2-8 所示。

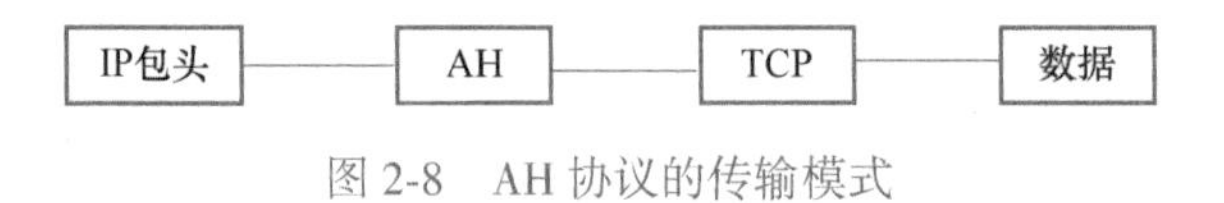

图 2-8　AH 协议的传输模式

在隧道模式中，需要生成一个新的 IP 头，把 AH 和原来的整个 IP 包放到新 IP 包的载荷中。AH 协议的隧道模式如图 2-9 所示。

图 2-9　AH 协议的隧道模式

ESP 协议的组成

ESP 提供保密功能和可选择的鉴别服务，将需要保密的用户数据进行加密后再封装到一个新的 IP 包中。ESP 同样有传输模式和隧道模式这两种工作模式。

在传输模式中，ESP 位于 IP 包头后，上层协议包头前。ESP 协议的传输模式如图 2-10 所示。

图 2-10　ESP 协议的传输模式

在隧道模式中，相对于外层 IP 包头，也就是新 IP 包头，ESP 的位置与在传输模式中相同。ESP 协议的隧道模式如图 2-11 所示。

图 2-11　ESP 协议的隧道模式

密钥管理和安全协商

在使用 AH 或 ESP 前，先要在主机间建立一条网络层的逻辑连接。此逻辑连接称为安全协商（Security Association，SA）。SA 可以手动建立，也可以使用 IKE 协议建立。SA 是一个单向连接，如需进行双向的安全通信则需要建立两个 SA。

SA 共有两种类型，分别是 IKE（Internet Key Exchange，自动密钥管理协议）/ISAKMP

SA 和 IPSec SA。IPSec 默认的自动密钥管理协议是 IKE。建立并维护 ISAKMP SA 和 IPSec SA 是 IKE 协议的主要任务。IKE 协议用了两个阶段分别建立 ISAKMP SA 和 IPSec SA。

- 第一阶段：通信双方彼此建立了一个已通过身份认证和安全保护的通道，即建立一个 ISAKMP SA。
- 第二阶段：在第一阶段建立的安全隧道上，为 IPSec 协商安全服务，即为 IPSec 协商具体的 SA，建立用于最终的 IP 数据安全传输的 IPSec SA。

2.3 简单易用的 OpenVPN

OpenVPN 是一个用于创建虚拟专用网络加密通道的软件包，最早由 James Yonan 编写。OpenVPN 允许创建的 VPN 使用公开密钥、电子证书、用户名和密码来进行身份验证。与传统 VPN 相比，OpenVPN 简单易用。

难度：★★★

2.3.1 OpenVPN 的技术核心

OpenVPN 能在 Solaris、Linux、OpenBSD、FreeBSD 和 Windows 等多平台运行，并包含了许多安全性的功能。它并不是一个基于 Web 的 VPN 软件，也不与 IPSec 以及其他 VPN 软件包兼容。OpenVPN 的技术核心是虚拟网卡，其次是 SSL（安全套接层）协议栈。

OpenVPN 中的虚拟网卡

虚拟网卡是使用网络底层编程技术实现的一个驱动软件，安装此类程序后主机上会增加一个非真实的网卡（虚拟网卡），可以像其他网卡一样对其进行配置。虚拟网卡在很多的操作系统中都有相应的实现，这也是 OpenVPN 能够跨平台使用的一个重要原因。

服务程序可以在应用层打开虚拟网卡，如果应用软件（比如网络浏览器）向虚拟网卡发送数据，则服务程序可以读取到该数据。如果服务程序向虚拟网卡中写入合适的数据，应用软件也可以接收得到。

如果用户在 OpenVPN 中访问一个远程的虚拟地址（属于虚拟网卡配用的地址系列，区别于真实地址），则操作系统会通过路由机制将数据包（TUN 模式）或数据帧（TAP 模式）发送到虚拟网卡上，服务程序接收该数据并进行相应的处理后，会通过 Socket 从外网上发送出去。这就完成了一个单向传输的过程，反之亦然。当远程服务程序通过 Socket 从外网上接收到数据，并进行相应的处理后，又会传送给虚拟网卡，则该应用软件就可以接收到数据。

SSL 协议栈

SSL 的体系结构中包含两个协议子层，其中底层是 SSL 记录协议层（SSL Record Protocol Layer），高层是 SSL 握手协议层（SSL HandShake Protocol Layer）。SSL 的协议栈（阴影部分为 SSL 协议）如表 2-1 所示。

表 2-1　SSL 的协议栈

SSL 握手协议层	加密参数修改	警告	应用数据（HTTP）
SSL 记录协议层			
TCP			
IP			

SSL 记录协议层的作用是为高层协议提供基本的安全服务。SSL 记录协议针对 HTTP 协议进行了特别的设计，使得超文本的传输协议 HTTP 能够在 SSL 中运行。记录封装各种高层协议，具体实施压缩解压缩、加密解密、计算和校验 MAC 等与安全有关的操作。

2.3.2　身份验证必不可少

验证是指通过一定的手段，对用户的身份进行验证。在日常生活中，身份验证并不陌生。比如通过检查对方的证件，一般可以确认这个人的身份信息。日常生活中的这种身份确认的方式虽然也属于广义上的身份验证，但是“身份验证”这一说法更多地被用于计算机通信等领域。

OpenVPN 使用 OpenSSL 库来加密数据与控制信息。这意味着，它能够使用任何 OpenSSL 支持的算法。它提供了可选的数据包 HMAC 功能，以提高连接的安全性。

OpenVPN 的多种身份验证方式

OpenVPN 提供了多种身份验证方式，用以确认连接双方的身份，包括预享私钥、第三方证书、用户名和密码组合。OpenVPN 的多种身份验证方式如图 2-12 所示。

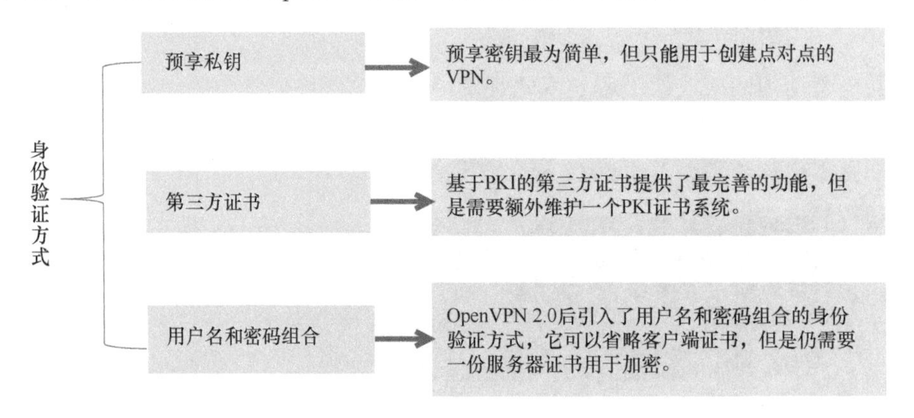

图 2-12　多种身份验证方式

2.3.3　OpenVPN 网络的那些事儿

在日常使用或者服务器中，经常需要有两个网卡并配置两个地址，用于访问不同的网段。这时需要额外添加路由来决定发送的数据包经过正确的网关和接口才能正确地进行通信。

【实操】使用 route 命令添加临时路由

使用 route 命令可以添加到主机的路由，也可以添加到网络的路由。比如为 eth0 添加主机地址 192.168.1.123，gw 表示指定网关地址。

```
# route add -host 192.168.1.123 dev eth0
# route add -host 192.168.1.123 gw 192.168.1.1
```

除了可以为主机指定 IP 地址和网关地址，还可以添加子网掩码，即指定 netmask（子网掩码）。可以同时为主机指定 IP 地址、子网掩码和网关等信息。

```
# route add -net 192.168.1.123netmask 255.255.255.0 eth0
# route add -net 192.168.1.123netmask 255.255.255.0 gw 192.168.1.1
# route add -net 192.168.1.123netmask 255.255.255.0 gw 192.168.1.1 eth1
# route add -net 192.168.1.0/24 eth1
```

添加路由的过程中，需要明确一些参数的含义。参数的相关说明如表 2-2 所示。

表 2-2　参数说明

参　　数	说　　明
route add	命令关键字，表示增加路由。若要删除路由，则命令为 route del
-host/-net	表示路由目标是主机（-host）还是网段（-net）
netmask	表示路由目标网段的子网掩码，路由目标为网段时才会用到
gw	命令关键字，后面跟下一跳网关
dev	命令关键字，后面跟具体的设备名称，表示路由是从该设备发出的
metric	为路由指定所需跃点数的整数值（范围是 1～9999），用来在路由表的多个路由中选择与转发包中的目标地址最为匹配的路由

上面这种添加路由的方式是临时的。除此之外还可以添加永久路由。一种是将相关配置写入/etc/rc.local 文件中，另一种是直接写入 ifcfg 文件。

2.4 构建虚拟专用网络

VPN 是架设在共享公共网络基础设置上的，可以将分布在不同区域的用户联系起来。这里将在 Linux 系统中使用 OpenVPN 构建虚拟专用网络，搭建 OpenVPN 服务器。

难度：★★★

2.4.1 配置准备工作

在开始搭建服务之前，需要添加拓展包并安装 OpenVPN 软件包，这些都是正式配置之前的准备工作。在安装的过程中，使用 yum 命令。

【实操】添加拓展包

下面使用 yum 命令安装 epel-release 软件包，从而添加拓展包。

```
#yum install epel-release
```

在添加拓展包的过程中，会出现类似 Is this ok 的询问信息，输入 y 表示同意即可。除此之外还需要安装 OpenVPN 软件包，命令如下。

```
# yum install openvpn easy-rsa -y
```

在安装时，等待其安装完成即可，不用进行其他操作。

2.4.2 配置 OpenVPN

接下来需要对 OpenVPN 配置。一般在正式配置某种服务之前，需要找到对应的配置文件，并使用 cp 命令复制一份，相当于对配置文件进行提前备份。

【实操】修改配置文件 server.conf

使用 cp 命令将 OpenVPN 的配置文件复制到/etc/openvpn 目录中，这里需要指明配置文件所在的路径。

```
#cp /usr/share/doc/openvpn-* /sample/sample-config-files/server.conf /etc/openvpn
```

然后使用 vim 编辑器对配置文件 server.conf 进行修改，可以参考以下配置项进行修改。

```
# vim /etc/openvpn/server.conf
local 172.0.0.1
port 1194  ←默认侦听端口
proto udp
dev tun  ←默认创建一个路由 IP 隧道
ca /etc/openvpn/ca.crt  ←根证书
cert /etc/openvpn/server.crt
key /etc/openvpn/server.key  ←私钥文件
dh /etc/openvpn/dh.pem
server 10.66.72.0 255.255.255.0
ifconfig-pool-persist ipp.txt  ←指定关联文件
push "route 192.168.0.0 255.255.0.0"
push "redirect-gateway def1 bypass-dhcp"
push "dhcp-option DNS 119.29.29.29"
keepalive 10 120
comp-lzo
max-clients 100
persist-key
persist-tun
status openvpn-status.log  ←状态日志
```

冗余级别的范围为 0~9。其中 0 表示静默运行，只记录致命错误；4 表示合理的常规用法；5 和 6 会帮助调试连接错误；9 表示极度冗余，将会输出非常详细的日志信息。

在配置文件中为日志文件设置适当的冗余级别时，冗余级别越高，输出的信息越详细。

2.4.3 生成证书

在生成证书时需要编辑配置文件、创建服务端证书和客户端证书，同时还需要对证书进行签约。

【实操】编辑/etc/openvpn/easy-rsa/vars 文件

下面使用编辑器修改/etc/openvpn/easy-rsa/vars 文件中的字段，比如指定国家、省份、邮箱地址等。

```
# vi /etc/openvpn/easy-rsa/vars
set_var EASYRSA_REQ_COUNTRY "CN"            ←--- 国家
set_var EASYRSA_REQ_PROVINCE "GuangDong"    ←--- 省份
set_var EASYRSA_REQ_CITY "ShenZhen"         ←--- 城市
set_var EASYRSA_REQ_ORG "ZuZhi"             ←--- 非盈利组织
set_var EASYRSA_REQ_EMAIL "zzzz@mailbox.com" ←--- 邮箱地址
set_var EASYRSA_REQ_OU "My OpenVPN"         ←--- 组织单元
```

【实操】创建服务端证书

下面开始创建服务端证书及 key，目录初始化后创建根证书，相关操作命令如下。

```
/etc/openvpn/easy-rsa/easyrsa3/
./easyrsa init-pki     ←--- 目录初始化
./easyrsa build-ca     ←--- 创建根证书
```

在具体的执行过程中，需要输入两次 PEM 密码（PEM Pass Phrase）和通用名（Common Name），如图 2-13 所示。此密码必须记住，不然以后不能为证书签名。

```
Enter New CA Key Passphrase:
Re-Enter New CA Key Passphrase:
Generating RSA private key, 2048 bit long modulus
.............................................................+++
...+++
e is 65537 (0x10001)
You are about to be asked to enter information that will be incorporated
into your certificate request.
What you are about to enter is what is called a Distinguished Name or a DN.
There are quite a few fields but you can leave some blank
For some fields there will be a default value,
If you enter '.', the field will be left blank.
-----
Common Name (eg: your user, host, or server name) [Easy-RSA CA]:yaozhu

CA creation complete and you may now import and sign cert requests.
Your new CA certificate file for publishing is at:
/etc/openvpn/easy-rsa/pki/ca.crt
```

图 2-13　配置密码及通用名

之后会生成根证书文件/etc/openvpn/easy-rsa/pki/ca.crt。接下来使用以下命令创建服务器端证书。

```
./easyrsa gen-req server nopass  ←创建服务器端证书
```

服务器端证书的创建过程如图 2-14 所示。

```
Keypair and certificate request completed. Your files are:
req: /etc/openvpn/easy-rsa/pki/reqs/server.req
key: /etc/openvpn/easy-rsa/pki/private/server.key
```

图 2-14　服务器端证书的创建过程

生成的文件有两个，不过此时这两个文件还不是服务端证书。下面需要签约服务端证书。

```
./easyrsa sign server server
```

命令中的前一个 server 是表示注册的 server 端，后一个 server 是可以自行定义的名字，但是要和前面命令起的名字一致。在签约服务端证书的过程中，需要确认的地方输入 yes 表示同意操作。输入之前创建根证书的时候输入的 PEM 密码，如果忘记了就得从创建根证书重新做起，最终生成服务端的证书为 crt 格式。

通过以上操作，生成的证书为/etc/openvpn/easy-rsa/pki/issued/server. crt。继续创建 Diffie-Hellman，确保 key 可以穿过不安全的网络，命令如下。之后会生成 dh.pem 文件。

```
./easyrsa gen-dh
```

【实操】创建客户端证书

在/root 目录中创建 client 子目录，将/root/easy-rsa 复制到该子目录中，具体命令如下。

```
# cd /root/
# mkdir client
# cd client
# cp -R /root/easy-rsa/ client/
```

/root/easy-rsa 路径是根据个人之前的存放路径决定的，用户需要根据自己的实际情况操作。初始化后，可以创建客户端 key 并生成证书。

```
# cd client/easy-rsa/easyrsa3/
# ./easyrsa init-pki  ←初始化
# ./easyrsa gen-req client-yz  ←client-yz 证书名可以自定义
```

将生成的 client-yz.req 导入并签约客户端证书。返回到 easy-rsa（根据自己的目录进行返回），导入 req。

```
# ./root/client/pki/reqs/client-yz.req
```

2.4.4　配置服务端

在准备好证书之后，还需要修改服务器端的配置文件，启动 OpenVPN 服务并启用转发功能。之后就可以下载 Windows OpenVPN 客户端，并进行相应配置。

【实操】修改服务器端的配置文件

在生成服务器端和客户端证书之后，修改服务器端的配置文件内容如下。

```
# vi server.conf
local 172.0.0.1   ← 当前个人 OpenVPN 服务器的 IP
port 1194
proto udp   ← 端口协议,默认为 UDP 协议
dev tun
ca /etc/openvpn/ca.crt
cert /etc/openvpn/server.crt   ← 证书
key /etc/openvpn/server.key
dh /etc/openvpn/dh.pem
server 10.71.72.1 255.255.255.0   ← 服务器自身会使用 IP 地址为 10.71.72.1
ifconfig-pool-persist ipp.txt
push "route 192.168.0.0 255.255.0.0"
push "redirect-gateway def1 bypass-dhcp"
push  "dhcp-option DNS 119.29.29.29"
keepalive 10 120
comp-lzo
max-clients 100   ← 默认最大客户端连接数为 100
persist-key
persist-tun
status openvpn-status.log
```

【实操】修改配置文件 server.conf

下面加载 tun 内核模块并启用转发，如图 2-15 所示。加载 tun 内核模块以便于 OpenVPN 生成虚拟网卡。

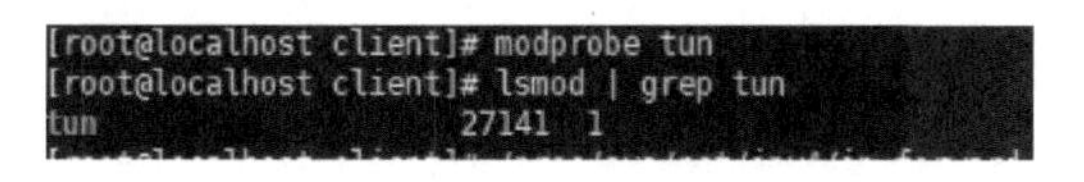

图 2-15　加载 tun 内核模块

使用编辑器修改/proc/sys/net/ipv4/ip_ forward 文件中的值为 1。如果文件中的值为 0，则表示禁止转发数据包。只有值为 1 时，才表示允许转发数据包。

```
# locate tun.ko
# openvpn --config /etc/openvpn/server.conf   ← 运行 OpenVPN
```

【实操】下载并配置 Windows OpenVPN 客户端

使用 sftp 命令将在 OpenVPN 服务器中生成的客户端证书和 key 下载到客户端计算机中，三个相关文件如下。

```
ca.crt
client-wwz.crt
client-wwz.key
```

进入官网下载 OpenVPN 客户端并进行安装，然后在安装目录中找到 simple-config。将 client.ovpn 复制到 E:\OpenVPN\ToVMware（用户可以自己定义路径）下，根据自己的实际安装情况进行选择。将下载的三个文件放入 E:\OpenVPN\ToVMware 路径下，然后编辑 client.ovpn 配置文件。具体编辑项如下。

```
client
dev tun
proto udp
remote 172.0.0.11.194    ←---- 指定 OpenVPN 服务器的 IP 地址
resolv-retry infinite
nobind
persist-key
persist-tun
ca ca.crt
cert client-wwz.crt
key client-wwz.key
comp-lzo
verb 3
```

打开 OpenVPN 客户端并在其上单击鼠标右键，在弹出的选项中选择导入配置文件。选中之前编辑好的配置文件，单击进行连接。如果结果报错，请查看错误日志，根据日志来处理报错信息。

在一些特定场景中，远程访问的人员没有公网 IP，这时他们会使用内网地址通过防火墙设备进行网络地址转换后连接互联网。

2.5 【实战案例】创建点对点的 VPN

使用 OpenVPN，可以对任何 IP 子网或虚拟以太网，通过一个 UDP 或 TCP 端口建立隧道；也可以构建一个可扩展的虚拟机专用网络集群；还可以支持对端节点通过 DHCP 的方式获取 IP 地址。通过 OpenVPN 可以实现很多功能，这里将创建点对点的虚拟专用网络。

难度：★★★

使用 OpenVPN 创建点对点模式的 VPN

在一些实际场景中有时需要将两台处于网络上的服务器使用虚拟专用网络互联起来，比如远程信息抓取和数据库备份等。

在这种情况下，可以使用 OpenVPN 创建点对点的虚拟专用网络的物理架构。这需要在两台服务器中部署相关设置。

安装 OpenVPN 并生成静态密码

在两台需要互联的服务器 A 和 B 中分别使用 yum -y install openvpn 命令安装 OpenVPN。然后在服务器 A 中执行以下命令在当前目录中生成静态密码。

```
[root@localhost ~]# openvpn --genkey --secret key      ←-----生成静态密码
[root@localhost ~]# ls
……省略……
anaconda-ks.cfg      Downloads   key   ←-----密码文件 key        top.log
cmd.txt              err.txt    Music                          Templates
Desktop              file2      Public                         word
……省略……
[root@localhost ~]# cat key
#
# 2048 bitOpenVPN static key
#
-----BEGINOpenVPN Static key V1-----
eef4f5fa8a1406922bf4f18695241b3b
2bcb1a3fa11ab4b63f9a1ba3fd7a891f
d625f3fa0c9f6c5c8fe66c466bce14ee      ←-----密码文件 key 的内容
64634c9fb45ef604d25b720b1e4a825a
……省略……
e69c82384df3c123f3e6fd944e593ae3
7bac216a7f06ac3c14c474757f6d813b
1155b5eef042592a4ef697e9e60ce391
-----END OpenVPN Static key V1-----
[root@localhost ~]#
```

将 key 文件传输到服务器 B

在服务器 A 中使用 scp 命令将 key 文件传输到服务器 B 中。这里需要指定 B 的用户名和 IP 地址以及目录。

```
[root@localhost ~]# scp key root@192.168.209.138:/root   ←-----传输 key 到 B
The authenticity of host '192.168.209.138 (192.168.209.138)' can't be established.
ECDSA key fingerprint is SHA256:VfjIn8Akkbxo+Hrs2BKwfpOajJATpTtt0S8qEpRjD9w.
ECDSA key fingerprint is MD5:05:57:df:30:1b:4c:ab:c3:79:d0:eb:27:ab:7a:26:2e.
Are you sure you want to continue connecting (yes/no)? yes
Warning: Permanently added '192.168.209.138' (ECDSA) to the list of known hosts.
root@192.168.209.138's password:
key                                              100%  636  135.3KB/s  00:00
[root@localhost ~]#
```

在服务器 B 的/root 目录中会看到传输的 key 文件。

```
[root@localhost ~]# ls
anaconda-ks.cfg  Documents  initial-setup-ks.cfg  Music   Public   Videos
```

```
Desktop          Downloads  key  ←-----传输的 key 文件   Pictures  Templates
[root@localhost ~]#
```

在服务器两端创建隧道

在服务器 A 中使用以下命令部署隧道。

```
[root@localhost ~]#openvpn --remote 192.168.209.138 --dev tun0 --ifconfig 10.6.0.1 10.6.0.2 --se-
cret key --daemon
```

在服务器 B 中使用以下命令部署隧道。

```
[root@localhost ~]#openvpn --remote 192.168.209.143 --dev tun0 --ifconfig 10.6.0.2 10.6.0.1 --se-
cret key --daemon
```

在以上设置中使用了一些选项，具体含义如下。

- --remote：指定点对点的架构中对方的 IP 地址。
- --dev：指定使用 tun 设备。
- --ifconfig：指定虚拟隧道的本端和远端 IP 地址。
- --secret：指定包含静态密码的文件。
- --daemon：指定使用后台驻守进程的模式。

验证隧道功能

在服务器 A 中使用 ping 命令执行以下测试。

```
[root@localhost ~]#ping -c 2 10.6.0.2
```

在服务器 B 中使用 tcpdump 命令进行验证。

```
[root@localhost ~]#tcpdump -vvv -nnn -i tun0 icmp
tcpdump: listening on tun0, link-type RAW (Raw IP), capture size 262144 bytes
……省略……
```

2.6 【专家有话说】 OpenVPN 的排错方式

在实际生产中，开发人员经常需要搭建一套 OpenVPN 的系统或运维一套已经在线上的 OpenVPN 系统。在配置和维护 OpenVPN 的过程中，会存在各种需求。因此可能会遇到各种各样的问题，掌握一些排错方式是必不可少的。

难度：★★

OpenVPN 的排错步骤

在日常运维和维护服务器时，可以总结一些排错的相关经验，以便在遇到问题时，按照这些经验的具体操作步骤进行逐一排查。比如分析 OpenVPN 日志文件、对比配置文件中的配置项、检查服务器的网络设置、检查主机的路由表等。

【实操】对比服务器端和客户端的配置文件

在排错时可以下载服务器端和客户端的配置文件，然后使用 diff 命令进行对比，查看里面的相关配置项是否一致。

```
#sort server.conf > server.conf.1
# sort vpnclient.conf > vpnclient.conf.1
# diff server.conf.1 vpnclient.conf.1
```

【实操】检查服务器的转发

检查服务器是否打开转发，即查看 net.ipv4.ip_forward 的值是否为 1，如果为 0，则需要将该值改为 1 开启转发。

```
[root@localhost ~]#sysctl net.ipv4.ip_forward
net.ipv4.ip_forward = 1
[root@localhost ~]#
```

虚拟专用网络可以互联不同区域的员工，为公司的业务提供安全的“秘密”通道，同时也降低了成本。本章首先介绍了 VPN，帮助读者了解了它的工作流程、特点和关键技术等知识；然后分别介绍了三种 VPN 的分类和各自的特点；最后构建了虚拟专用网络，并介绍了一些排错步骤。这些内容可以为读者在日常工作中提供一些排查思路，从而逐一分析和处理相应的问题。

知识拓展——超级实用的虚拟机快照功能

如果用户在使用虚拟机的过程中，担心自己的某一些操作造成系统的异常，想要回退到之前正常运行的状态，这时可以使用虚拟机的快照功能来实现。比如正常安装 Linux 后，虚拟机处于 A 状态。在用户进行了一些列操作后，将其变成了 B 状态。继续操作虚拟机后，又将其变成了 C 状态，而此时虚拟机出现了异常。如果用户在 A 状态和 B 状态进行了快照，这时可以使用虚拟机的快照功能回到 A 状态或 B 状态。

由于此时还没有介绍更多的 Linux 命令，因此这里将以图形界面的方式创建文件夹，为大家演示快照功能。这里以 centos79 虚拟机为例介绍快照功能。在 VMware 左侧右击 centos79 虚拟机，选择“快照” - “拍摄快照”功能，如图 2-16 所示。

在拍摄快照时可以设置快照名称和描述，然后单击“拍摄快照”按钮，如图 2-17 所示。

继续在当前系统中创建一个文件夹。在 CentOS 桌面右击后选择 New Folder 命令，如图 2-18 所示。在 Folder name 文本框中输入文件夹名称，创建一个文件夹 fileA，然后单击 Create 按钮，如图 2-19 所示。

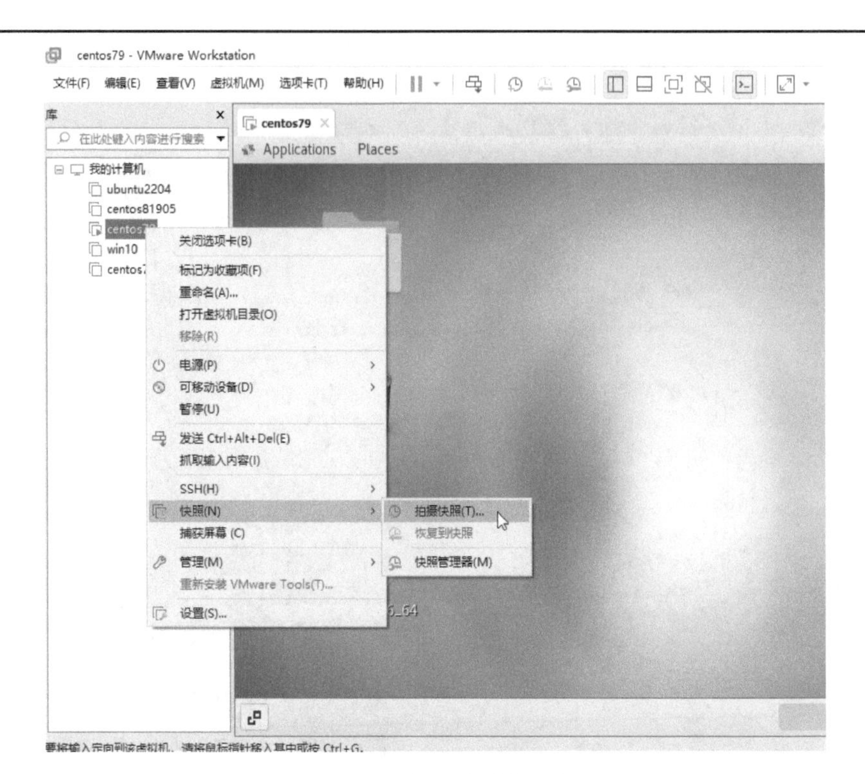

图 2-16　启用“快照”功能

图 2-17　拍摄快照 1

图 2-18　选择 New Folder 命令

图 2-19　创建文件夹 fileA

此时 CentOS 桌面有一个 fileA 文件夹，然后为此状态拍摄一个快照（与拍摄快照 1 的方法相同），如图 2-20 所示。

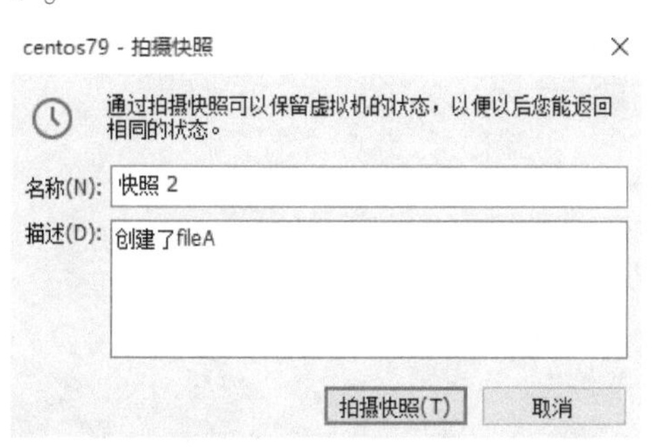

图 2-20　拍摄快照 2

在完成快照 2 的拍摄后，可以继续在 CentOS 桌面创建文件夹 fileB，然后再拍摄快照 3，此时已经拍摄了 3 个快照。在 VMware 左侧右击 centos79 虚拟机，选择“快照” - “快照管理器”功能，查看当前创建的所有快照以及系统当前处于的状态，如图 2-21 所示。

图 2-21　查看快照

此时选择“快照 2”，单击界面下方的“转到”按钮，将虚拟机从当前位置回退到快照 2 的状态，如图 2-22 所示。

转到快照 2 后，可以在 CentOS 桌面中看到只有 fileA，而没有 fileB，还可以在当前快照 2 的状态继续使用快照功能，比如在当前状态创建文件夹 file12 后，拍摄快照 4，如图 2-23所示。

再次查看快照管理器，可以看到系统当前处于的状态和几种不同快照之间的位置关系，如图 2-24 所示。此时可以从当前位置回到任意一个快照状态。

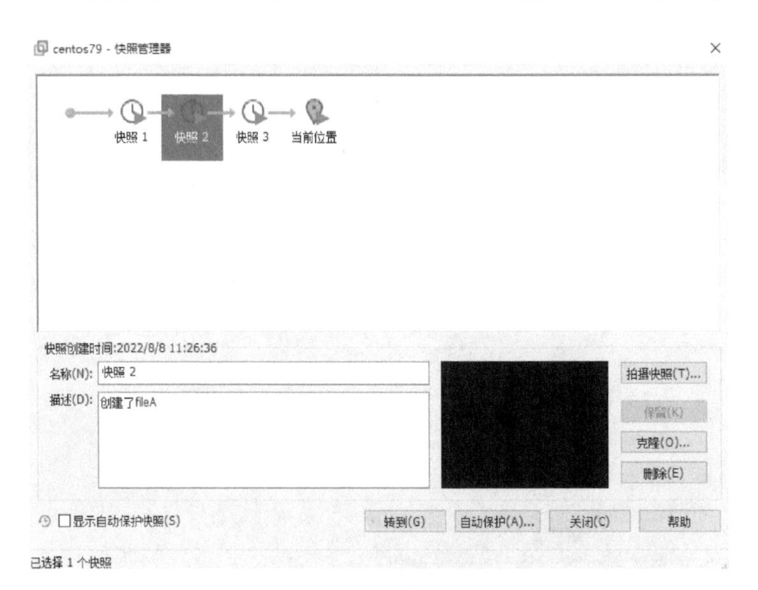

图 2-22　转到快照 2

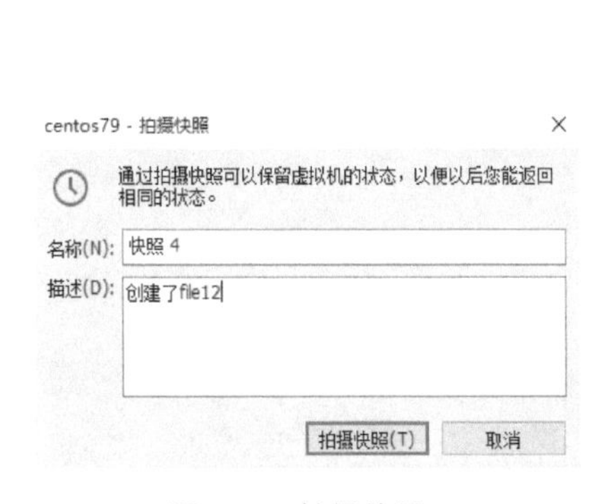

图 2-23　拍摄快照 4

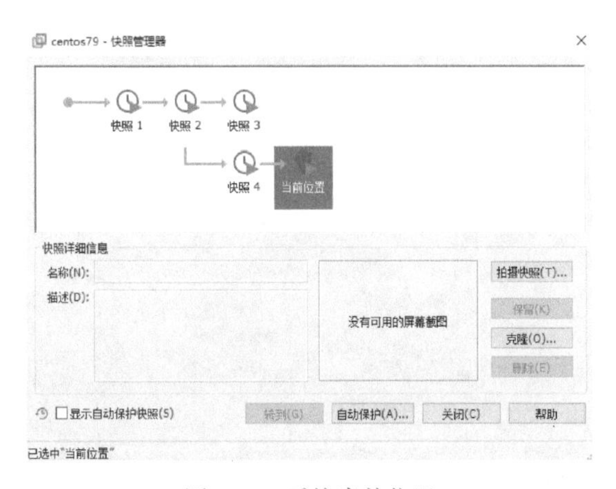

图 2-24　系统当前位置

选择让系统回到快照 1 状态，此时在快照管理器中可以看到四种快照状态和系统当前位置之间发生的变化，如图 2-25 所示。

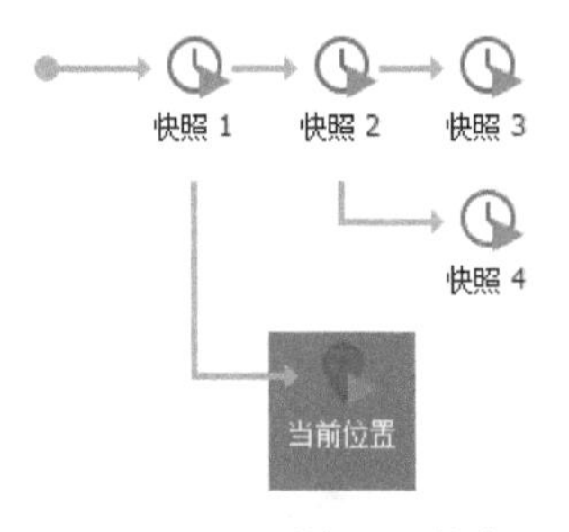

图 2-25　回到快照 1 状态

当读者在学习系统、网络和软件等配置操作时，可以使用快照功能。在系统处于正常状态时拍摄快照，一旦系统后续出现异常，都可以通过快照使系统恢复正常。但是不要随意使用快照，一般只在需要对系统进行重要操作之前使用该功能。

Chapter

3

有安全感的防火墙

所谓保护系统就是将那些攻击系统的“坏人”挡在门外，让正常用户可以获得各自的权限。这需要确保对系统的网络访问是安全和稳定的。防火墙可以用于设置网络连接，以及检查数据包的安全。

3.1 防火墙的自我概述

防火墙是一种网络设备，主要用来允许或者阻止网络通信，可以在多种设备上实现防火网功能。对于服务器来说，使用网络防火墙进行防护是除了保障物理安全之外必须实施的控制措施。

难度：★★

3.1.1 Linux 网络防火墙

网络防火墙（Network Firewall）是一种网络安全系统，它主要负责监控并根据一些规则管理进出系统的网络流量。

按照许可协议类型，网络防火墙可以分为商业防火墙和开源防火墙。大多数商业防火墙会以硬件的形式提供给客户，通过在专有硬件中运行专有的系统来控制网络，比如 Cisco（思科）自适应安全设备（ASA）。开源防火墙一般以开源软件的形式提供授权，比如 iptables、FreeBSD IPFW 和 PF 防火墙等。

网络防火墙和 ISO 模型的关系

ISO 模型一共有 7 层，而网络防火墙主要工作在第 3 层和第 4 层，如图 3-1 所示。它会根据预定义规则中的设置（源地址、目的地址、源端口和目的端口）进行开放或阻止相应的动作。

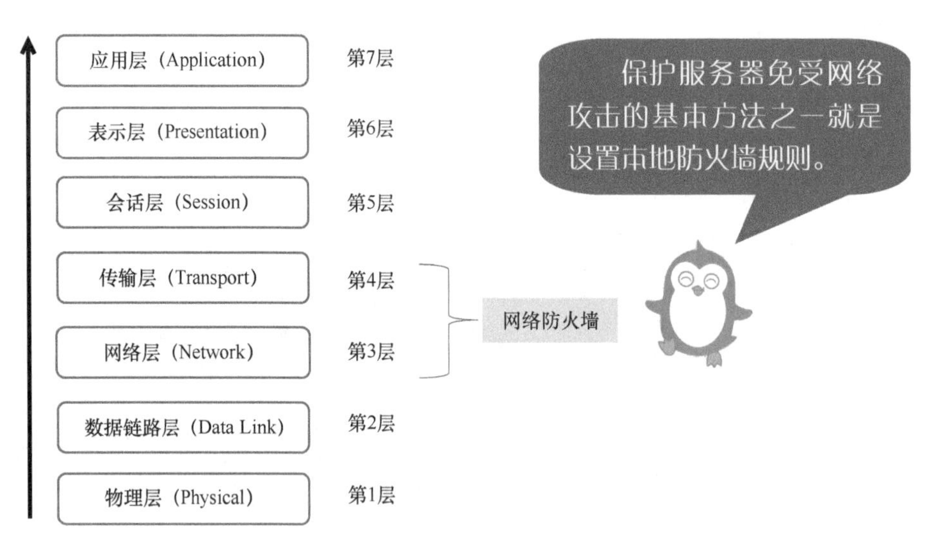

图 3-1 网络防火墙和 ISO 模型的关系

网络防火墙的局限性

其实网络防火墙只是整个安全防护体系中的一部分，虽然它具有非常重要和不可替代的作用，但是也具有一定的局限性，如图 3-2 所示。

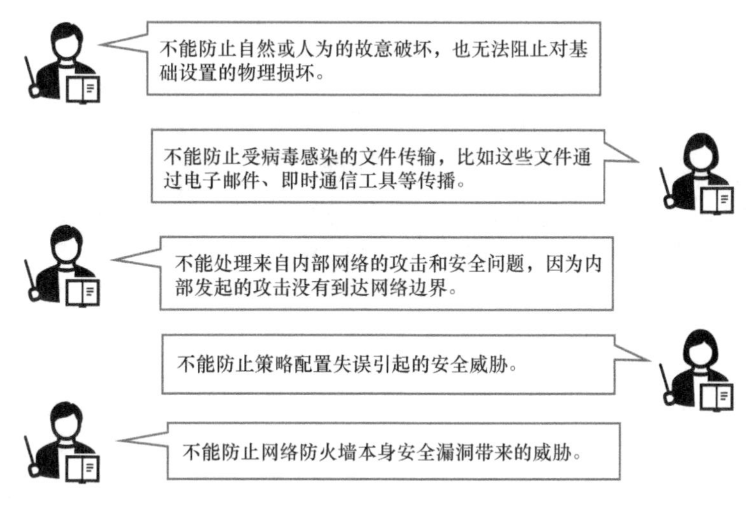

图 3-2　网络防火墙的局限性

用户应该在依赖网络防火墙提供的安全服务的基础上，构建全面保障的安全防御体系。根据这些局限性，从多个角度、多个层次分析安全问题，保障系统安全。

3.1.2　iptables 基础

Linux 系统提供了 iptables 来构建网络防火墙，它可以实现包过滤、网络地址转换（NAT）等功能。iptables 之所以能够具备这些功能，主要是底层模块 netfilter 框架的功劳。

netfilter 是 Linux 内核中的一个框架，它为以定制处理器形式实施的各种网络相关操作提供了灵活性。netfilter 提供数据包过滤、网络地址转换和端口转换的各种选项。

iptables 会将防火墙规则分组成链这种类别（Category），这些不同的链是在内核中应用规则时组成的，有很多不同的链。

配置需要的三个基本链

在构建防火墙规则时，一般需要处理以下 3 个基本的链。

- INPUT：对应入口流量。
- OUTPUT：对应出口流量。
- FORWARD：对应从一个网络接口转发到另一个网络接口的流量。

配置需要执行的动作

在配置防火墙规则时，可以指定数据包与某一个防火墙规则匹配后要执行的动作（Action），也可以称为目标（Target）。以下是通常会使用的动作。

- ACCEPT：放行数据包，允许数据包继续到下一步。
- REJECT：拒绝数据包，不允许数据包继续到下一步，但是会向数据包的来源方发送一个响应信息，告知该数据包被拒绝放行了。
- DROP：直接丢弃数据包，不允许数据包继续到下一步。数据包的来源方不会被告知数据包被丢弃的情况。
- LOG：记录数据包，创建一个日志条目。

在使用 iptables 命令创建规则时，有可能会阻止网络数据包，也有可能转发数据包，或者执行 NAT(网络地址转换)操作。

通常 DROP 比 REJECT 更安全，因为黑客会通过 REJECT 的响应作为探测系统或网络的手段。即使是被拒的回应消息也会给黑客提供有用的信息。

放行的数据包过滤过程

在创建规则之前，我们需要先了解发送到系统的数据包过滤的过程，如图 3-3 所示。当数据包发送到系统中，iptables 服务会使用一组规则确定如何处理数据包。PREROUTING (路由前) 过滤点会判断是否阻止数据包。如果 PREROUTING 允许通过该数据包，内核会判断数据包的去处 (发送到本地系统还是传递到另一个网络)。如果是发送到本地系统，将会经过 INPUT 过滤点。

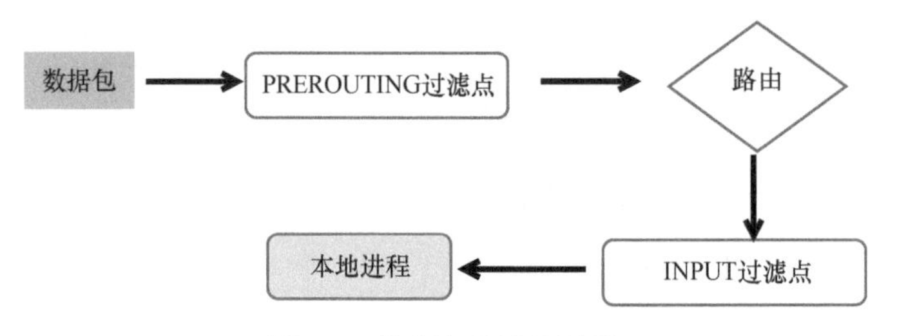

图 3-3　数据包过滤的过程

上图中不包括数据包路由到另一个网络时的情况。对于发送到本地系统的数据包，将使用 INPUT 过滤点决定是否允许或阻塞。如果是路由到另一个网络，需要通过 FORWARD 过滤点的规则。

3.2 iptables 的应用

iptables 创建的防火墙可能会非常复杂，这里将会展示使用 iptables 过滤进入的数据包和出站数据包。防火墙规则是由链、动作、数据包和协议等特定参数组合而成的。配置规则的顺序也很重要，规则集越复杂，限制就越多，在设置时要明确保护规则。

难度：★★★

3.2.1 规则的基本设置

常见的防火墙任务很多，比如配置系统、允许或阻止进入的数据包。这些操作可以应用在的单个主机或整个网络中，而要实现这种功能，就需要在链中配置规则。

在主流的 Linux 发行版中包含一些默认的防火墙规则是很常见的。我们可以移除当前所有的规则，也可以就此进行单独的设定。

【实操】移除 INPUT-filter 链中的第一条规则

在当前系统默认的防火墙规则中，可以先查看 INPUT-filter 链上的规则。然后指定-D 选项删除指定的规则。

```
[root@localhost ~]# iptables -t filter -L INPUT  ◄-----查看当前防火墙规则
Chain INPUT (policy ACCEPT)
target     prot opt source               destination
ACCEPT     udp  --  anywhere             anywhere             udp dpt:domain
ACCEPT     tcp  --  anywhere             anywhere             tcp dpt:domain
ACCEPT     udp  --  anywhere             anywhere             udp dpt:bootps
ACCEPT     tcp  --  anywhere             anywhere             tcp dpt:bootps
……以下省略……
[root@localhost ~]# iptables -D INPUT 1  ◄-----删除第一条防火墙规则
[root@localhost ~]# iptables -L INPUT  ◄-----再次查看防火墙规则
Chain INPUT (policy ACCEPT)
target     prot opt source               destination
ACCEPT     tcp  --  anywhere             anywhere             tcp dpt:domain
ACCEPT     udp  --  anywhere             anywhere             udp dpt:bootps
ACCEPT     tcp  --  anywhere             anywhere             tcp dpt:bootps
……以下省略……
[root@localhost ~]#
```

如果想移除链中所有的规则，可以指定-F 选项。

【实操】阻止特定主机的数据包

如果想阻止来自特定主机的所有数据包，可以在-s 选项后面指定目标主机的 IP 地址或网络地址。

```
[root@localhost ~]# iptables -A INPUT -s 192.168.100.20 -j DROP  ◄-----指定特定主机
[root@localhost ~]#iptables -L INPUT
Chain INPUT (policy ACCEPT)
target     prot opt source               destination
ACCEPT     tcp  --  anywhere             anywhere             tcp dpt:domain
ACCEPT     udp  --  anywhere             anywhere             udp dpt:bootps
ACCEPT     tcp  --  anywhere             anywhere             tcp dpt:bootps
……中间省略……
DROP       all  --  192.168.100.20       anywhere  ◄-----新增记录
[root@localhost ~]#
```

【实操】阻止特定网络地址的数据包

如果想阻止特定范围 IP 地址的主机发送的数据包，可以在-s 选项后面指定网路地址。如果只允许该网络中的某一台主机访问系统，可以单独放行这个地址。

```
[root@localhost ~]#iptables -A INPUT -s 192.168.20.0/24 -j DROP
[root@localhost ~]#iptables -L INPUT
```

```
Chain INPUT (policy ACCEPT)
target        prot opt source              destination
ACCEPT        tcp  --  anywhere            anywhere             tcp dpt:domain
ACCEPT        udp  --  anywhere            anywhere             udp dpt:bootps
ACCEPT        tcp  --  anywhere            anywhere             tcp dpt:bootps
……中间省略……
DROP          all  --  192.168.100.20      anywhere
DROP          all  --  192.168.20.0/24     anywhere   ←---阻止特定网段的主机
[root@localhost ~]#iptables -I INPUT 2 -s 192.168.20.120 -j ACCEPT
[root@localhost ~]#iptables -L INPUT
Chain INPUT (policy ACCEPT)
target        prot opt source              destination
ACCEPT        tcp  --  anywhere            anywhere             tcp dpt:domain
ACCEPT        all  --  192.168.20.120      anywhere   ←---允许特定主机的数据包
ACCEPT        udp  --  anywhere            anywhere             udp dpt:bootps
ACCEPT        tcp  --  anywhere            anywhere             tcp dpt:bootps
……中间省略……
DROP          all  --  192.168.100.20      anywhere
DROP          all  --  192.168.20.0/24     anywhere
[root@localhost ~]#
```

iptables 命令有很多选项和用法，这里使用-A 选项把新规则放在链的末尾，因为新规则会按照顺序执行匹配。上面我们允许在 192.168.20.0/24 这个网段中 IP 地址为 192.168.20.120 的主机访问系统。所以使用-I 选项在阻止规则之上插入一个新的规则，这里-I INPUT 2 就是将这条规则作为规则 2 插入防火墙的规则中，并将其余的规则向下移动一个顺序。

3.2.2 根据协议进行过滤

除了基本的根据 IP 地址设置规则之外，还可以根据协议过滤数据包，设置防火墙规则，这也是很常见的一种过滤方式。这些协议可以是 ICMP、TCP 和 UDP 等，也可以是与特定端口相关的协议。

【实操】阻止 ICMP 协议的数据包

如果想重新开始设定规则，可以先使用-F 选项清除之前的规则。在-p 选项后面指定要过滤的协议，可以阻止所有 ICMP 协议的数据包。

```
[root@localhost ~]# iptables -F INPUT   ←---清除之前所有规则
[root@localhost ~]#iptables -L INPUT
Chain INPUT (policy ACCEPT)
target        prot opt source              destination
[root@localhost ~]# iptables -A INPUT -p icmp -j DROP   ←---阻止 ICMP 协议的数据包
[root@localhost ~]#iptables -L INPUT
Chain INPUT (policy ACCEPT)
target        prot opt source              destination
DROP          icmp --  anywhere            anywhere
[root@localhost ~]#
```

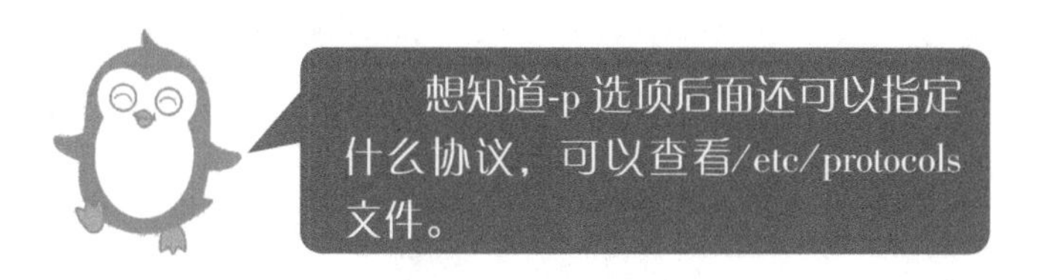

【实操】阻止特定端口的数据包

如果想阻止特定的端口，比如 23 号端口，需要搭配-m 选项与--dport（目标端口）或--sport（源端口）中任意一个一起使用。传入数据包使用--dport 选项。

```
[root@localhost ~]#iptables -A INPUT -m tcp -p tcp --dport 23 -j DROP
[root@localhost ~]#iptables -L INPUT
Chain INPUT (policy ACCEPT)
target     prot opt source               destination
DROP       icmp --  anywhere             anywhere
DROP       tcp  --  anywhere             anywhere            tcp dpt:telnet    ◄---- 新增记录
[root@localhost ~]# iptables -L INPUT -n  ◄---- 解析 IP 地址
Chain INPUT (policy ACCEPT)
target     prot opt source               destination
DROP       icmp --  0.0.0.0/0            0.0.0.0/0
DROP       tcp  --  0.0.0.0/0            0.0.0.0/0            tcp dpt:23
[root@localhost ~]#
```

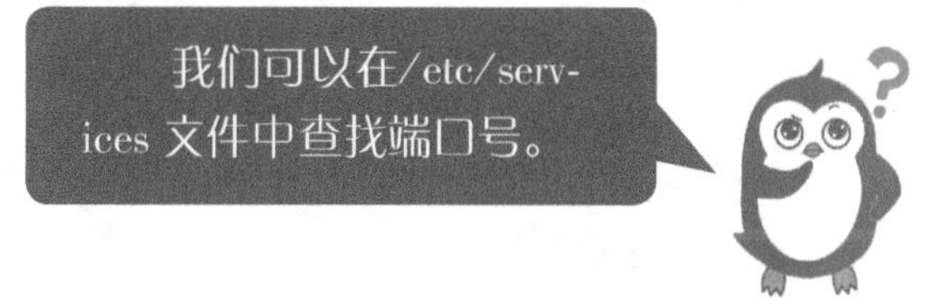

【实操】匹配多个条件过滤数据包

如果想创建一个同时匹配协议和源 IP 地址的规则，可以同时指定协议和主机的 IP 地址。比如这里匹配 ICMP 协议和 IP 地址为 192.168.120.100 的主机，这样可以将来自该主机的所有 ICMP 包丢弃。

```
[root@localhost ~]#iptables -A INPUT -p icmp -s 192.168.120.100 -j DROP
[root@localhost ~]#iptables -L INPUT
Chain INPUT (policy ACCEPT)
target     prot opt source               destination
DROP       icmp --  anywhere             anywhere
DROP       tcp  --  anywhere             anywhere            tcp dpt:telnet
DROP       icmp --  192.168.120.100      anywhere    ◄---- 新增记录
[root@localhost ~]#
```

3.2.3 更改策略并保存规则

防火墙中默认的情况是只允许特定数据包并拒绝所有其他数据包，这是默认策略规定的。用户将默认策略设置为 DROP 时要注意，如果是远程登录到系统，且没有创建允许当前登录会话的数据包通过的规则，那么新的默认策略有可能会阻止人们对系统的访问。

【实操】更改默认策略

如果当前系统处于内部网络，并且需要确保只有少数主机访问它，可以进行以下默认策略的更改。

```
[root@localhost ~]# iptables -A INPUT -s 10.0.20.0/24 -j ACCEPT  ◄------ 允许访问的网段
[root@localhost ~]#iptables -P INPUT DROP
[root@localhost ~]#iptables -L INPUT
Chain INPUT (policy DROP)
target       prot opt source              destination
ACCEPT       all  --  10.0.20.0/24        anywhere
[root@localhost ~]#
```

当前所做的更改只影响正在运行的防火墙。如果重新引导系统，那么使用 iptables 命令设置的规则将会恢复到默认值。使用 iptables-save 命令可以将设置的规则重定向到一个文件中。

3.2.4 iptables 规则

iptables 开启后，数据报文从进入服务器到出来会经过 5 道关卡，分别为 PREROUTING（路由前）、INPUT（输入）、OUTPUT（输出）、FORWARD（转发）和 POSTROUTING（路由后）。

每一道关卡中有多个规则，数据报文必须按顺序一个一个匹配这些规则，这些规则串起来就像一条链，所以把这些关卡都叫“链”。其中 INPUT、OUTPUT 链更多应用在“主机防火墙”中，即主要针对服务器本机进出数据的安全控制；而 FORWARD、PREROUTING、POSTROUTING 链更多应用在网络防火墙中，特别是防火墙服务器作为网关使用时的情况。

iptables 中的表

虽然每一条链上有多条规则，但有些规则的作用（功能）很相似，多条具有相同功能的规则合在一起就组成了一个表，iptables 提供了四种表，如表 3-1 所示。

表 3-1 iptables 中的表

表 名	说 明
filter	对数据包进行过滤，根据具体的规则决定是否放行该数据包（比如 DROP、ACCEPT、REJECT、LOG），对应内核模块 iptables_filter
nat	网络地址转换功能，主要用于修改数据包的 IP 地址、端口号等信息，对应内核模块 iptables_nat
mangle	拆解报文，修改并重新封装。对应内核模块 iptables_mangle
raw	主要用于决定数据包是否被状态跟踪机制处理，在匹配数据包时，raw 表的规则要优先于其他表，对应内核模块 iptables_raw

iptables 有“四表五链”，除了上面介绍的四种表，五个链就是上面介绍的 PREROUTING、INPUT、FORWARD、OUTPUT 和 POSTROUTING。其中 PREROUTING 表示数据包进入路由表之前，POSTROUTING 表示发送到网卡接口之前。

3.3 TCP_Wrappers 的安全控制

TCP_Wrappers 是一个基于主机的网络访问控制列表系统，对有状态连接（TCP）的特定服务进行安全检测并实现访问控制。只要是调用 libwrap.so 库文件的程序就可以受到 TCP_Wrappers 的安全控制。

难度：★★

3.3.1 libwrap 库

TCP_Wrappers 的核心是 libwrap 库。所有调用这个库的程序都可以利用 libwrap 提供的网络访问控制能力。通过 ldd 命令可以判断是否使用了该库的功能。

【实操】判断程序是否调用了 libwrap 库

在 Linux 系统中可以使用 ldd 命令判断程序是否调用了 libwrap 库。

```
[root@localhost ~]#ldd /usr/sbin/sshd | grep libwrap
libwrap.so.0 => /lib64/libwrap.so.0 (0x00007f7fa9fe9000)
[root@localhost ~]#
```

从结果中可以看到，OpenSSH 的服务器端程序/usr/sbin/sshd 调用了 libwrap 库。这样就可以使用 TCP_Wrappers 来控制允许或禁止某些主机访问 sshd。

3.3.2 TCP_Wrappers 的检查策略

在请求远程连接时，TCP_Wrappers 的检查策略先查看在/etc/hosts.allow 文件中是否允许访问。如果允许就直接对其放行；如果没有，则会再查看/etc/hosts.deny 文件中是否禁止，如果禁止就不允许连接，否则允许连接。

认识/etc/hosts.allow 和/etc/hosts.deny 文件

/etc/hosts.allow 和/etc/hosts.deny 文件是 tcpd 服务器的配置文件。tcpd 服务器可以控制外部 IP 对本机服务的访问。这两个配置文件的格式如下。

```
#服务进程名:主机列表:当规则匹配时可选的命令操作
server_name:hosts-list[:command]
```

/etc/hosts.allow 控制可以访问本机的 IP 地址，/etc/hosts.deny 控制禁止访问本机的 IP。如果两个文件的配置有冲突，则以/etc/hosts.deny 为准。/etc/hosts.allow 和/etc/hosts.deny 两个文件是控制远程访问设置的，通过它可以允许或者拒绝某个 IP 或者 IP 段的客户访问 Linux 的某项服务。比如 SSH 服务，通常只对管理员开放，可以禁用不必要的 IP，而只开放管理员可能使用到的 IP 段。

【实操】配置限制访问

下面使用 vim 编辑器在/etc/hosts.allow 文件中添加以下设置，仅允许指定的 10.24.140.42 主机访问 sshd。配置/etc/hosts.allow 限制 sshd 的访问设置如下。

```
sshd:10.24.140.42:allow
sshd:ALL:deny
```

这里的 sshd：ALL：deny 可以明确禁止不在白名单中的 IP 访问。这样就实现了只允许指定 IP 地址的主机访问系统。

使用 TCP_Wrappers 时，不需要重启程序。当用户修改/etc/hosts.allow 和/etc/hosts.deny 文件并保存后，则对所有新建立的 TCP 连接立即生效，而对已经建立的连接没有作用，需要手动断开连接。

3.4 增加系统访问的安全性

现在人们依赖网站、主机的概率大大提升，攻击者发掘漏洞的动机也很多，特别是资深攻击者，因此需要采取多种手段提升访问系统的安全性。本节将会介绍几种安全防护手段。

难度：★★

3.4.1 在公有云上实施防护

随着云计算的兴起和公有资源的性价比逐渐提高，很多企业正在或已经把公司业务从互联网数据中心（IDC）迁移到公有云上。国内知名的公有云厂商有阿里云、腾讯云和华为云等，国外知名的公有云厂商有亚马逊云（AWS）、微软 Azure 和谷歌云等。在企业 IT 基础设施迁移到公有云的过程中，可以通过良好的架构设计和运维手段进行网路安全防护。

减少公网暴露的云服务器数量

合理规划架构减少公网（即因特网，英文为 Internet）暴露的云服务器数量是减少攻击面和提高系统安全级别的重要手段。在规划架构时可以考虑使用公有云上提供的弹性负载均衡和 NAT 网关来实现。这两种方式的介绍如表 3-2 所示。

表 3-2 两种规划架构的方式

方 式	说 明
弹性负载均衡	将访问流量自动分发到多台云服务器，扩展应用系统对外的整体服务能力，实现更高水平的应用容错。除了实现业务分流、负载均衡，也极大地减少了云服务器对公网 IP 的需求，以及对外暴露的攻击面
NAT 网关	为虚拟专有网络内的弹性云服务器可以提供源网络地址转换（SNAT）功能。通过灵活简单的配置，可以构建虚拟专有网络的公网出口

我们还可以考虑使用网络安全组防护，这是一种虚拟防火墙，具备包过滤功能，可以对单台或多台云服务器进行网络访问控制。

3.4.2 使用堡垒机防护

堡垒机是网络中的一台特殊服务器，提供其他所有服务器的访问控制入口。通过这台服务器来访问和管理其他所有服务器。

与管理员直接从本机发起网络连接来管理所有服务器相比，使用一台或多台分布式堡垒机可以提供更多的安全性。

堡垒机的简化网络架构

使用堡垒机可以增加系统访问的安全性，以下是使用堡垒机的简化网络架构，如图 3-4 所示。在堡垒机模式下，所有被管理的服务器上仅仅需要开放信任这些堡垒机的出口 IP 地址，从而有效地减少了攻击。

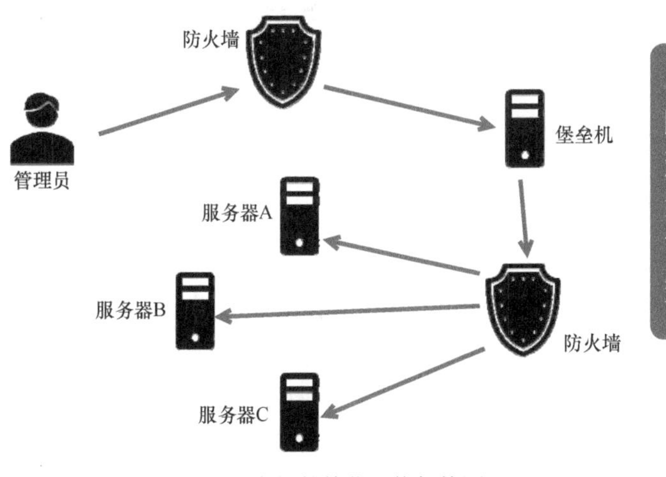

图 3-4 堡垒机的简化网络架构图

通过在堡垒机上集中管理服务器的实际登录账号，可以避免把服务器的账号信息分散地交给不同的维护人员，这样可以在一定程度上避免服务器登录信息的泄露和被恶意利用。

开源和商业堡垒机简介

堡垒机是在一个特定的网络环境下，为了保障网络和数据不受来自外部和内部用户的入侵和破坏，而运用各种技术手段实时收集和监控网络环境中每一个组成部分的系统状态、安全事件和网络活动，以便集中报警、记录、分析和处理的一种技术手段。堡垒机会从认证、授权、账号和审计等方面最大限度地保证运维人员能够安全操作，降低运维过程中导致的风险。堡垒机有开源的和商用的，具体介绍如表 3-3 所示。

表 3-3 堡垒机介绍

堡 垒 机	说 明
Jumpserver	开源堡垒机，可以提供账号管理、授权控制、身份认证和安全审计等功能
麒麟堡垒机	开源堡垒机，是一款易部署、功能全面的堡垒机产品。同时还有收费版本产品
齐治堡垒机	商业堡垒机，可以实现自动化操作、访问控制、身份管理、集中管理和操作审计等功能
华为 UMA	商业堡垒机，专为运营商、政府、金融、电力及大企业而设计的。可以实现运维集中接入、集中认证、集中授权和集中审计等功能

3.4.3 分布式拒绝服务攻击的防护

分布式拒绝服务攻击指借助 C/S 技术，将多个计算机联合起来作为攻击平台，对一个或多个目标发动拒绝服务攻击，从而成倍提高拒绝服务攻击威力的一种技术。

直接式分布式拒绝服务攻击

直接式分布式拒绝服务攻击是一种典型的分布式拒绝服务攻击，如图 3-5 所示。黑客会通过控制机发起控制指令从而控制多台服务器，然后通过流量攻击目标服务器。

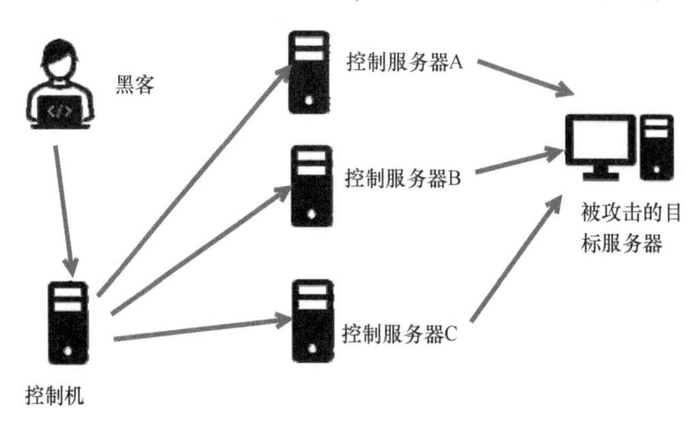

图 3-5 直接式分布式拒绝服务攻击

被攻击的服务器会受限于带宽和 CPU 处理能力，导致业务中断而无法向正常用户提供服务，从而造成经济损失。这种攻击模式的威力取决于黑客可以控制的服务器数量以及这些服务器提供的网络带宽容量。

在遭受小流量分布式拒绝服务攻击时，可以通过上层设备过滤非法的 UDP 数据进行清洗。当遭受大流量攻击时，可以与电信运营商合作，在源头或接口上进行清洗。

反射式分布式拒绝服务攻击

除了直接式分布式拒绝服务攻击，还有反射式分布式拒绝服务攻击，如图3-6所示。这种攻击模式充分利用了DNS请求响应的非对称特点，请求数据流量小，响应数据流量大。

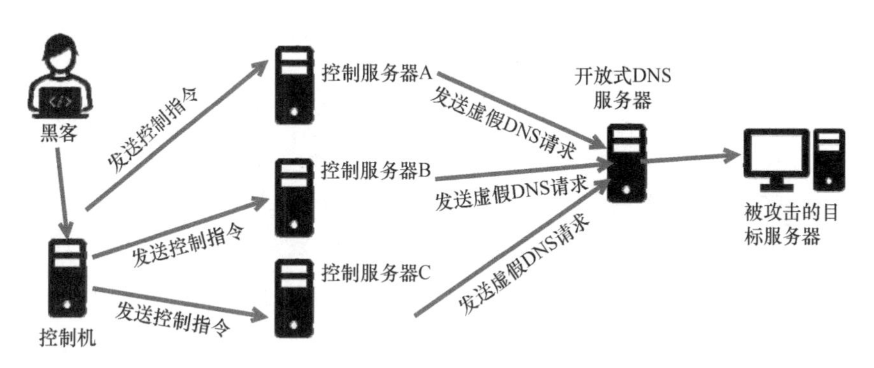

图3-6　反射式分布式拒绝服务攻击

黑客会通过控制机发送控制指令到各个控制服务器，通过这些服务器向开放式DNS服务器发送对DNS的虚假请求。一旦这些开放式DNS服务器响应后，就会以数据流量的形式发送到被攻击的目标服务器中。

3.4.4　ARP欺骗防御

在局域网中，ARP（地址解析协议）欺骗是一种需要特别注意的攻击模式。被欺骗的对象会以广播的形式发送ARP请求，攻击者会抢先回复。然后被欺骗对象主动发送到局域网外的任何数据都会被攻击者截获嗅探甚至修改。

ARP欺骗的攻击模型

攻击者在进行ARP欺骗时，会抢先回复被欺骗对象，并在其ARP表中增加一条IP和MAC地址的映射，从而达到截获数据的目的。ARP欺骗的攻击模型如图3-7所示。

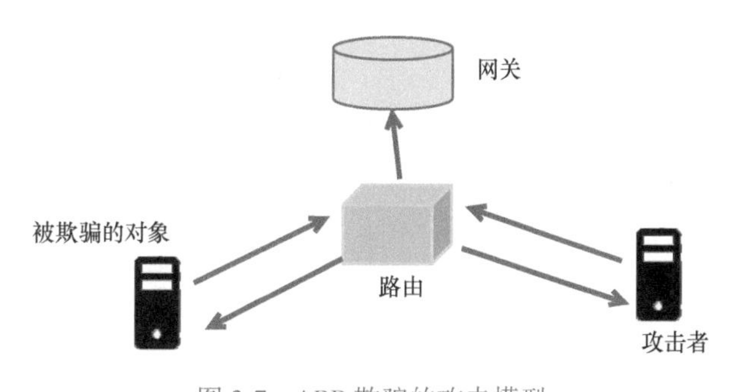

图3-7　ARP欺骗的攻击模型

3.5 【实战案例】过滤出站数据包

数据包过滤是防火墙的常用技术，在网络的适当位置对数据包进行有选择的通过，并根据内部设置的规则过滤数据包，只有满足过滤规则的数据包才会被转发到相应的网络接口中。本节将过滤出站数据包。

难度：★★

出站数据包

对于很多公司来说，最大的安全问题之一就是访问因特网站点的用户可能会损害安全性。比如公司不允许用户访问某个文件共享站点。一般为了过滤出站数据包，可以在 OUTPUT-filter 链中创建防火墙规则。

在 OUTPUT-filter 链中创建规则

如果想阻止某种访问，可以阻止出站数据包。

```
[root@localhost ~]# iptables -L OUTPUT  ←查看默认的出站规则
Chain OUTPUT (policy ACCEPT)
target          prot opt source          destination
ACCEPT          udp  --  anywhere        anywhere            udp dpt:bootpc
ACCEPT          all  --  anywhere        anywhere
OUTPUT_direct   all  --  anywhere        anywhere
[root@localhost ~]# iptables -F OUTPUT  ←清除之前的出站规则
[root@localhost ~]#iptables -L OUTPUT
Chain OUTPUT (policy ACCEPT)
target          prot opt source          destination
[root@localhost ~]# iptables -A OUTPUT -m tcp -p tcp -d 10.10.20.22 --dport 80 -j
DROP  ←限制网站访问
[root@localhost ~]#iptables -L OUTPUT
Chain OUTPUT (policy ACCEPT)
target          prot opt source          destination
DROP            tcp  --  anywhere        10.10.20.22     tcp dpt:http  ←新增记录
[root@localhost ~]#
```

创建日志条目

如果用户访问网站时使用了 DROP 规则，那么该网站只是被挂起，而 REJECT 将会响应一条错误消息，WEB 浏览器会向用户显示一条错误消息。通过创建日志条目，可以确定哪些系统想访问远程系统。

```
[root@localhost ~]#iptables -F OUTPUT
[root@localhost ~]# iptables -A OUTPUT -m tcp -p tcp -d 10.10.20.22 --dport 80 -j LOG ◄------ 创建日志条目
[root@localhost ~]# iptables -L OUTPUT
Chain OUTPUT (policy ACCEPT)
target     prot opt source               destination
LOG        tcp  --  anywhere             10.10.20.22          tcp dpt:http LOG level warning
[root@localhost ~]#
```

3.6 【专家有话说】 NAT形式

NAT这种地址转换技术可以将IP数据报文头中的IP地址转换为另一个IP地址，并通过转换端口号达到地址重用的目的。NAT作为一种缓解IPv4公网地址枯竭的过渡技术，由于实现简单，因此得到了广泛应用。

难度：★★

NAT解决的问题

随着网络应用的增多，IPv4地址枯竭的问题越来越严重。尽管IPv6可以从根本上解决IPv4地址空间不足的问题，但目前众多网络设备和网络应用大多是基于IPv4的，因此在IPv6广泛应用之前，使用一些过渡技术是解决这个问题的主要方式，NAT就是这众多过渡技术中的一种。

NAT的各种形式

NAT转换主要是根据对报文中的源地址进行转换还是对目的地址进行转换的不同，相应分为源NAT和目的NAT，如表3-4所示。

表3-4 NAT的各种形式

NAT形式	说　明
源NAT	在NAT转换时，仅对报文中的源地址进行转换，主要应用于私网用户访问公网的场景。当私网用户主机访问网络时，用户主机发送的报文到达NAT设备后，设备通过源NAT技术将报文中的私网IPv4地址转换成公网IPv4地址，从而使私网用户可以正常访问外网
目的NAT	在NAT转换时，仅对报文中的目的地址和目的端口号进行转换，主要应用于公网用户访问私网服务的场景。当公网用户主机发送的报文到达NAT设备后，设备通过目的NAT技术将报文中的公网IPv4地址转换成私网IPv4地址，从而使公网用户可以使用公网地址访问私网服务

除此之外，还有一种双向NAT，会在转换过程中同时转换报文的源信息和目的信息。双向NAT不是一个单独的功能，而是源NAT和目的NAT的组合。双向NAT主要应用在同时有外网用户访问内部服务器和私网用户访问内部服务器的场景。

早期的 NAT 是指 Basic NAT，该技术在实现上比较简单，只支持地址转换，不支持端口转换。因此，Basic NAT 只能解决私网主机访问公网问题，无法解决 IPv4地址短缺问题。后期的 NAT 主要是指网络地址端口转换 NAPT，它既支持地址转换也支持端口转换，允许多台私网主机共享一个公网 IP 地址访问公网，因此 NAPT 才可以真正改善 IP 地址短缺的问题。

本章介绍了网络防火墙的特点以及其局限性。网络防火墙是构建系统防御体系中不可或缺的一个组成部分，通过 iptables 在网络防火墙中的应用，我们可以有针对性地设置防火墙规则。在 TCP_Wrappers 的介绍中了解了它的检查策略和访问限制的方式。另外，通过公有云、堡垒机等也可以增加系统访问的安全性。

知识拓展——克隆虚拟机

相信大家现在已经至少安装了一种 Linux 系统，无论是 CentOS 还是 Ubuntu，或是其他 Linux 发行版。假如用户现在已经在 VMware 中安装了 CentOS，还想再要更多的 CentOS。这时没有必要再重新安装一个新的 CentOS，只需要使用虚拟机的克隆功能就能实现想要的效果。在使用克隆功能时，需要先关闭正在运行的虚拟机。

在没有正式学习使用命令关机之前，可以先通过 CentOS 的图形界面关机。单击 CentOS 桌面右上角的 图标，继续单击 图标。在出现的关机对话框中单击 Power Off 按钮，就可以正常关闭此虚拟机。关机后，在 VMware 界面左侧右击这台虚拟机，选择“管理”-“克隆”命令，如图 3-8 所示。

图 3-8　选择克隆功能

启动“克隆虚拟机向导”后，单击“下一页”按钮，如图 3-9 所示。在“克隆源”界面的“克隆自”选项区中选中“虚拟机中的当前状态”单选按钮，然后单击“下一页”按钮，如图 3-10 所示。

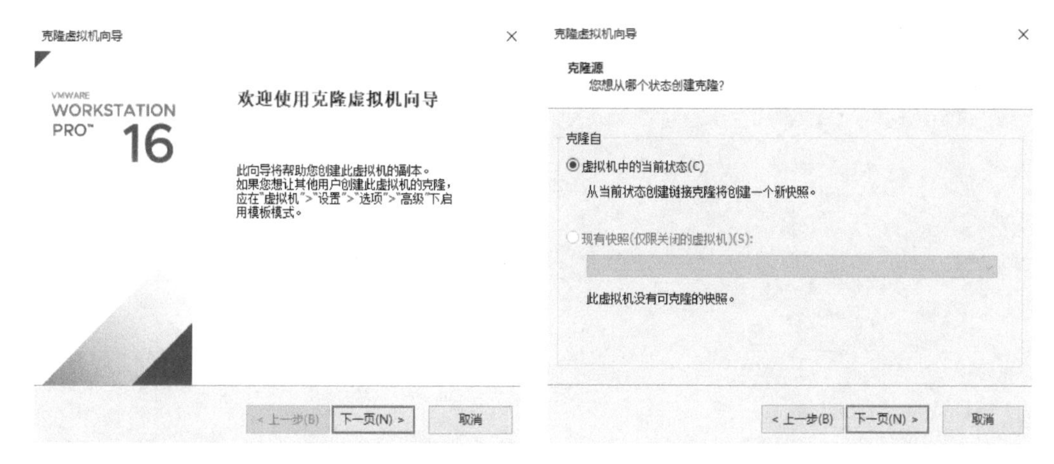

图 3-9 “克隆虚拟机向导”界面　　图 3-10 选择克隆源

在“克隆类型”界面的“克隆方法”选项区中选中“创建完整克隆”单选按钮，然后单击“下一页”按钮，如图 3-11 所示。之后在“新虚拟机名称”界面中设置克隆虚拟机的名称和存储位置，然后单击“完成”按钮，如图 3-12 所示。

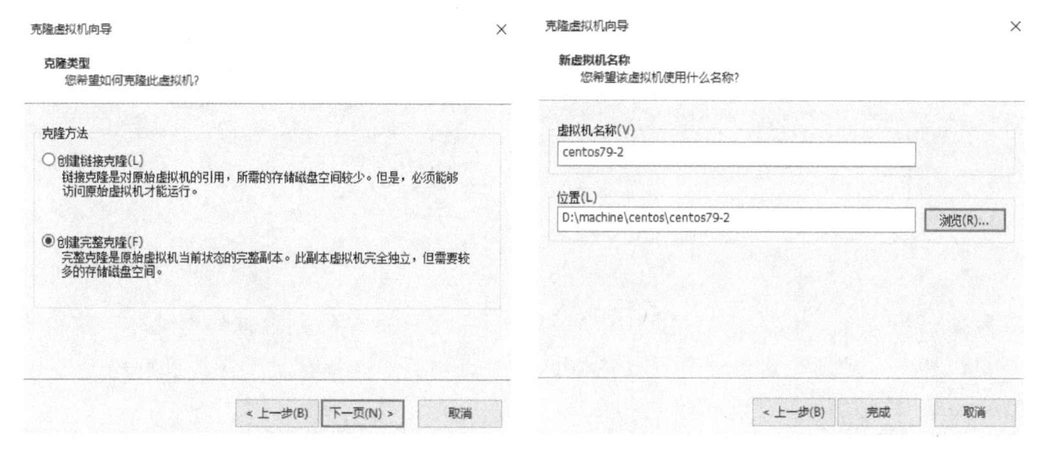

图 3-11 选择克隆类型　　图 3-12 设置克隆虚拟机的名称和存储位置

完成以上设置后，开始正式克隆虚拟机，如图 3-13 所示。完成虚拟机的克隆后，单击“关闭”按钮，如图 3-14 所示。

此时，可以在 VMware 界面左侧看到这台新的虚拟机，如图 3-15 所示。

正常启动此虚拟机后，我们就拥有了一台新的 CentOS。这比重新安装一台虚拟机要方便很多。

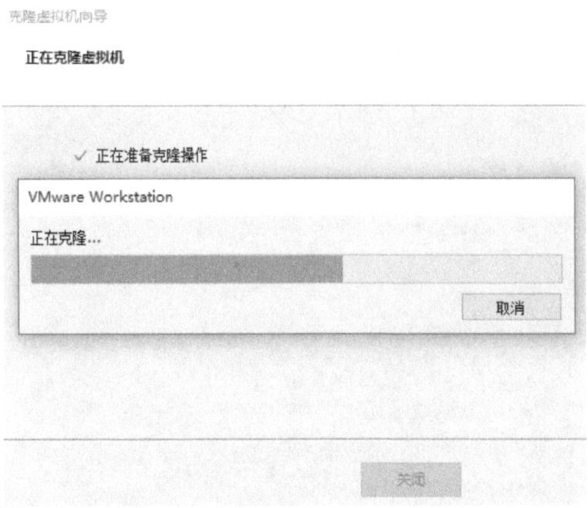

图 3-13　正式克隆虚拟机

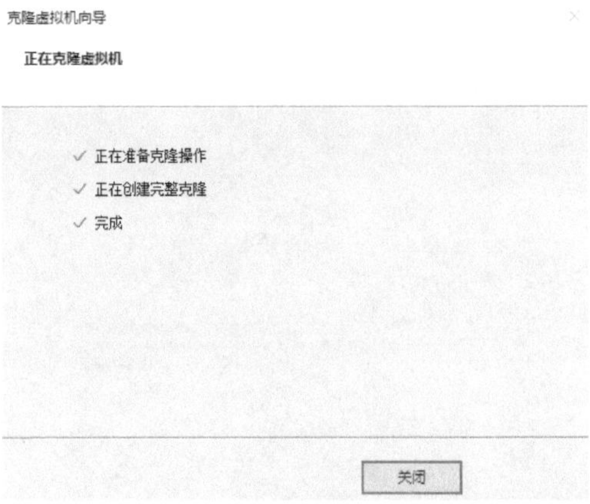

图 3-14　完成克隆

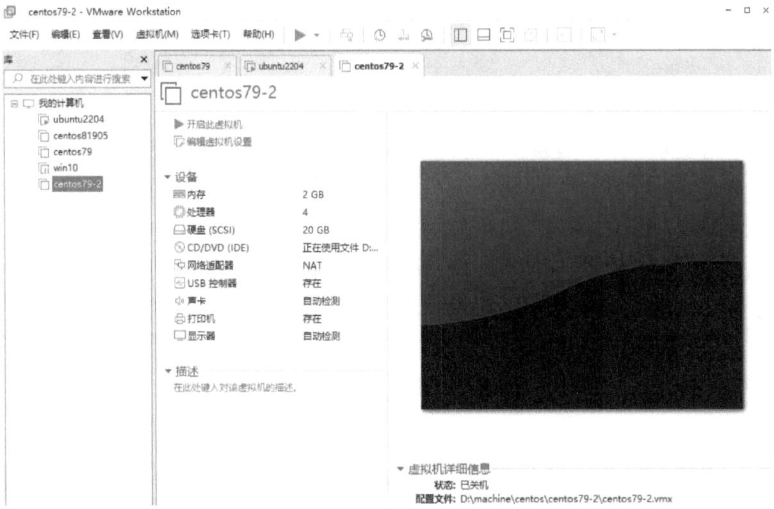

图 3-15　新克隆的虚拟机信息

实体机是一台真实存在的计算机，是相对于虚拟机而言的，虚拟机需要依赖实体机。每个虚拟机都有对应的实体机，一台实体机可以划分多个虚拟空间。虚拟机可以在运行过程中从一台实体机转移到另一台实体机。

Chapter 4 网络分析工具

Linux 作为网络操作系统为用户提供了基础网络服务，在很多情况下需要能够进行网络数据采集和分析的工具。当服务器受到网络攻击时，需要分析攻击包的格式和内容；当应用程序异常崩溃时，需要确认收发的数据包是否符合规范。当然需要的场景远不止于此，本章将会介绍几种网络流量分析工具，帮助读者解决数据采集、分析和排查等系统问题。

4.1 tcpdump 工具的原理

作为互联网经典的系统管理员必备工具，tcpdump 以其强大的功能、灵活的策略成为分析网络流量、排查问题必备的工具之一。它是一款非常优秀的网络数据采集工具，根据用户的规则定义对网络上数据包进行截获并分析。下面将从 tcpdump 的工作原理开始介绍，帮助大家了解这一分析工具。

难度：★★

4.1.1 tcpdump 的实现机制

在使用一款软件之前，需要了解它的工作原理，也就是实现机制，才能快速和深入理解原理并掌握软件的使用。

telnet、tftp 这样的应用程序的网络通信的收发数据会通过完整的 Linux 网络协议栈，由 Linux 系统完成数据的封装和解封。这样应用程序只需要对应用层数据进行数据读写即可，而不需要关心 TCP、IP 等部分的封装和解封。

tcpdump 却与之不同，它依赖 libpcap（UNIX 和 Linux 平台下的网络数据包捕获函数包）。libpcap 使用的是设备层的包接口技术，这样应用程序可以直接读写内核驱动层面的数据，而不经过完整的 Linux 网络协议栈。

tcpdump 的工作原理图

如上所述，tcpdump 与 telnet 等应用程序不同，它依赖 libpcap，而 telnet 等应用程序直接通过 Linux 网络协议栈。tcpdump 的工作原理如图 4-1 所示。

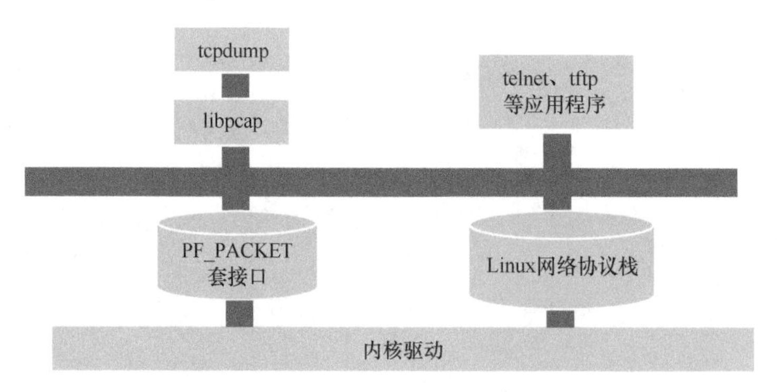

图 4-1 tcpdump 的工作原理

4.1.2 tcpdump 的安装

tcpdump 依赖 libpcap，在安装 tcpdump 时，我们需要安装两个软件。访问 https://www.tcpdump.org/release/网址，我们可以先下载 tcpdump 和 libpcap 的最新版本，然后传输到 Linux 系统中。当然也可以使用 wget 命令指定网络地址获取。获取之后就可以分别解压缩、编译这两个软件。

【实操】安装 tcpdump 和 libpcap

获取两个软件的压缩包之后，需要先使用 RAR 等压缩软件分别解压缩，然后进入各自解压缩的目录进行编译。

下面是安装 libpcap 软件使用的命令，这里使用的 libpcap 版本是 1.10.1。

```
tar zxf libpcap-1.10.1.tar.gz
cd libpcap-1.10.1/
./configure
make
make install
```

下面是安装 tcpdump 软件使用的命令，这里使用的 tcpdump 版本是 4.99.1。

```
tar zxf tcpdump-4.99.1.tar.gz
cd tcpdump-4.99.1/
./configure
make
make install
```

如果想验证是否成功安装了软件，可以执行 tcpdump -version 命令查看安装版本信息。

```
[root@localhost ~]#tcpdump --version
tcpdump version 4.99.1   ←----- 查看版本信息
libpcap version 1.10.1 (with TPACKET_V3)
[root@localhost ~]#
```

4.1.3 tcpdump 的原则

在使用 tcpdump 进行网络抓包（将网络传输发送与接收的数据包进行截获、重发、编辑和转存等操作，常用于检查网络安全）时，需要注意并坚持遵守几个原则。抓包的结果应该尽量少一些，过多无用的信息会产生信息噪声，从中分离有效信息的过程也会变得费时费力。

在客户端和服务器端都能完全控制的情况下，可以同时在两边进行抓包并分析。

如果交换机等网络设备丢包，在完全控制的情况下，可以使用端口镜像将网络设备的进出流量引导到服务器上进行抓包分析。

tcpdump 常用参数

在初次学习 tcpdump 时，使用 tcpdump -h 或者直接 man tcpdump 可以看到它的选项信息。以下是一些常用的参数，如表 4-1 所示。

表 4-1　tcpdump 常用参数

常用参数	说　明
-i	指定需要抓包的网卡，可以有效地减少抓取到的数据包的数量，增加抓包的针对性，便于后续的分析工作。如果不指定，tcpdump 会根据搜索到的系统中状态为 UP 的最小数字网卡来确定
-s	确定抓包的包的大小
-c	指定抓包的数量
-w	指定抓包保存到文件，方便后续的分析操作

tcpdump 的选项远不止于此，大家可以通过 man tcpdump 命令查看关于 tcpdump 的更多介绍。

tcpdump 的过滤器规则

tcpdump 提供了丰富的过滤器，以便在抓包时进行精细化的控制，这样可以减少无效信息的干扰。以下是常用的几种规则。

- host IP 地址：指定仅抓取本机和指定 IP 地址主机的数据通信。
- tcp port 端口号：指定仅抓取指定端口的数据通信。
- icmp：指定仅抓取 ICMP 协议的数据通信。
- !：反向匹配，比如 port ! 80 表示抓取非 80 端口的数据通信。

【实操】从指定网卡中捕获数据包

如果想从所有网卡中捕获数据包，可以直接执行 tcpdump -i any。如果想从指定网卡中捕获数据包，可以在-i 后面指定网卡名称，这里是 ens33。

```
[root@localhost ~]# tcpdump -i ens33
tcpdump: verbose output suppressed, use -v[v]... for full protocol decode
listening on ens33, link-type EN10MB (Ethernet), snapshot length 262144 bytes
10:21:28.907741 IP localhost.43211 > 139.199.215.251.ntp: NTPv4, Client, length 48
10:21:29.001866 IP localhost.37027 > gateway.domain: 17024+ PTR? 251.215.199.139.in-addr.
arpa. (46)
……中间省略……
^C
27 packets captured  ◄---- 捕获了 27 个数据包
27 packets received by filter
0 packets dropped by kernel
[root@localhost ~]#
```

在捕获的过程中如果想中断捕获，可以直接按 Ctrl+C 组合键，然后就可以看到捕获了多少包。

【实操】将捕获的包写入文件

如果想将捕获的数据写入文件，可以组合-i 选项和-w 选项，在-i 后面指定网卡名，在-w 后面指定一个文件。如果文件不存在则会立即创建新文件。

```
[root@localhost ~]# tcpdump -i ens33 -w packets_file  ◄---- 捕获数据并将其写入文件中
tcpdump: listening on ens33, link-type EN10MB (Ethernet), snapshot length 262144 bytes
……中间省略……
^C
```

```
15 packets captured
15 packets received by filter
0 packets dropped by kernel
[root@localhost ~]#
```

在捕获一段时间后中断捕获，可以看到已经捕获了 15 个数据包。

【实操】读取之前产生的 tcpdump 文件

如果想读取之前产生的数据包，可以使用 tcpdump 指定-r 选项查看 packets_file 文件中的数据信息。

```
[root@localhost ~]# tcpdump -r packets_file    ←读取文件中的数据
reading from file packets_file, link-type EN10MB (Ethernet), snapshot length 262144
10:26:40.765411 ARP, Request who-has gateway tell 192.168.209.1, length 46
10:26:41.611842 ARP, Request who-has gateway tell 192.168.209.1, length 46
10:26:42.602385 ARP, Request who-has gateway tell 192.168.209.1, length 46
……中间省略……
10:27:26.325324 IP 192.168.209.134.60740 > pingless.com.ntp: NTPv4, Client, length 48
10:27:26.642493 IP pingless.com.ntp > 192.168.209.134.60740: NTPv4, Server, length 48
10:27:27.482825 ARP, Request who-has gateway tell 192.168.209.134, length 46
10:27:27.482834 ARP, Reply gateway is-at 00:50:56:e9:7c:72 (oui Unknown), length 46
[root@localhost ~]#
```

4.2 ngrep 抓包工具

在进行后台开发时经常需要抓取数据包，以便查看数据流量是否正常。如果包含多个服务的应用出现问题，需要逐步分析并确认问题出现在哪个服务中。使用 ngrep 可以确定数据和数据包是否到达目标服务模块，这样可以确定问题出现的具体位置。

难度：★★

4.2.1 认识 ngrep 抓包工具

ngrep 是一个网络抓包工具，可以用于监听各个端口数据的流入和流出，它是 grep 命令的网络版，可以通过正则表达式过滤和获取指定样式的数据包。ngrep 可以识别 TCP、UDP 和 ICMP 协议，分析和定位服务中出现的问题。

【实操】安装 ngrep 工具

由于安装 ngrep 需要用到 libpacp 库，因此需要先安装 libpacp 及其依赖包。安装命令如下。安装成功后执行 ngrep 命令，若出现 interface 和 filter 字样则表示成功安装 ngrep。

```
[root@localhost ~]# yum install -y libpcap libpcap-devel    ←安装 libpacp 库及其依赖包
Loaded plugins: fastestmirror, langpacks
```

```
Loading mirror speeds from cached hostfile
 * base: mirrors.aliyun.com
 * extras: mirrors.aliyun.com
 * updates: mirrors.aliyun.com
base                                                          | 3.6 kB  00:00:00
……省略……
Installed:
  libpcap-devel.x86_64 14:1.5.3-13.el7_9
Complete!
[root@localhost ~]# yum install -y ngrep    ←安装 ngrep
Loaded plugins: fastestmirror, langpacks
Loading mirror speeds from cached hostfile
……省略……
Installed:
  ngrep.x86_64 0:1.47-1.1.20180101git9b59468.el7
Dependency Installed:
  libnet.x86_64 0:1.1.6-7.el7
Complete!
[root@localhost ~]# ngrep    ←验证 ngrep 安装是否成功
interface: virbr0 (192.168.122.0/255.255.255.0)
filter: ((ip || ip6) || (vlan && (ip || ip6)))
```

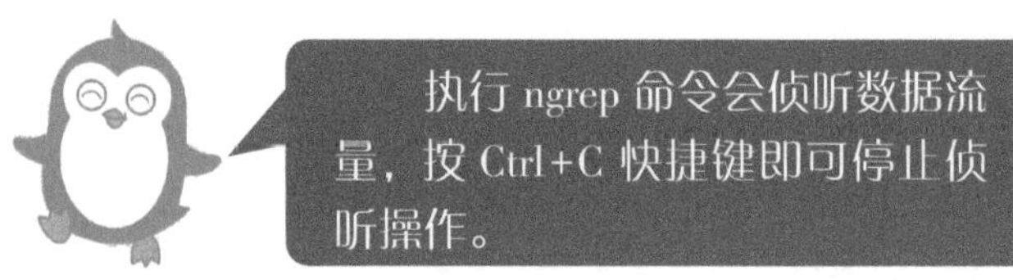

4.2.2 使用 ngrep 工具进行抓包

在使用 ngrep 抓包时，可以对获取的结果进行处理，比如设置抓包的显示格式、进行正则过滤等，这样可以使数据变得可读。注意，执行此命令需要使用 root 身份。

【实操】使用 ngrep 抓取百度数据流

这里需要启用两个终端，先在第一个终端中使用 ngrep 监听网页的请求（Request）和响应（Response）。使用-W 选项指定 byline 可以使结果遇到换行符时进行换行操作，让数据更加具有可读性。这里监听的是 ens33 网卡和 80 端口。

```
[root@localhost ~]# ngrep -W byline -d ens33 port 80
interface: ens33 (192.168.209.0/255.255.255.0)    ←监听 ens33 网卡
filter: ( port 80 ) and ((ip || ip6) || (vlan && (ip || ip6)))
                 ↑
##         监听 80 端口
T 36.152.44.95:80 -> 192.168.209.138:35806 [AS] #2
..
##
```

```
T 192.168.209.138:35806 -> 36.152.44.95:80 [AP] #4
GET / HTTP/1.1.
User-Agent: curl/7.29.0.
Host: www.baidu.com.
Accept: * /* .

###
T 36.152.44.95:80 -> 192.168.209.138:35806 [A] #11
......
#
T 36.152.44.95:80 -> 192.168.209.138:35806 [AFP] #12
......
#^Cexit
13 received, 7 matched
[root@localhost ~]#
```

然后在另一个终端中使用 curl 命令向 www.baidu.com 发送请求，命令如下。

```
[root@localhost ~]# curl -s "www.baidu.com"   ◄------ 发送请求
<! DOCTYPE html>
<! --STATUS OK--><html> <head><meta http-equiv=content-type content=text/html;charset=utf-8>
<meta http-equiv=X-UA-Compatible content=IE=Edge><meta content=always name=referrer><link
rel=stylesheet type=text/css href=http://s1.bdstatic.com/r/www/cache/bdorz/baidu.min.css>
<title>百度一下,你就知道</title></head> <body link=#0000cc> <div id=wrapper> <div id=head>
<div class=head_wrapper> <div class=s_form> <div class=s_form_wrapper> <div id=lg> <img hide-
focus=true src=//www.baidu.com/img/bd_logo1.png width=270 height=129> </div> <form id=form
name=f action=//www.baidu.com/s class=fm> <input type=hidden name=bdorz_come value=1> <in-
put type=hidden name=ie value=utf-8> <input type=hidden
……省略……
<a href=http://www.baidu.com/duty/>使用百度前必读</a>  <a href=http://jianyi.baidu.com/
class=cp-feedback>意见反馈</a> 京 ICP 证 030173 号   <img src=//www.baidu.com/img/gs.
gif> </p> </div> </div> </div> </body> </html>
[root@localhost ~]#
```

 使用 **ngrep** 进行正则过滤

在抓包的过程中，会获取非常多的数据，对此可以对抓包结果进行过滤处理。这里使用 -q 选项指定 baidu 可以只抓取百度的数据包进行正则过滤。

```
[root@localhost ~]# ngrep -W byline -d ens33 -q baidu  port 80
interface: ens33 (192.168.209.0/255.255.255.0)
filter: ( port 80 ) and ((ip || ip6) || (vlan && (ip || ip6)))
match: baidu   ◄------ 匹配 baidu

T 192.168.209.138:35812 -> 36.152.44.95:80 [AP] #4
GET / HTTP/1.1.
User-Agent: curl/7.29.0.
Host: www.baidu.com.   ◄------ 抓取的是来自 www.baidu.com 的数据包
Accept: * /* .
……省略……
```

```
..................</a>  <a href=http://jianyi.baidu.com/ class=cp-feedback>...........
</a> ...ICP...030173...  <img src=//www.baidu.com/img/gs.gif> </p> </div> </div>
</div> </body> </html>.
```

如果想使用更多格式显示抓包结果，可以指定 ngrep 的不同选项进行实现。执行 man ngrep 可以查看该命令的选项说明。

4.3 Wireshark 抓包工具

Wireshark 是对 tcpdump 和 RawCap 抓包文件进行分析的最佳工具。掌握 Wireshark 的使用方法和关键技巧，对提高分析问题的能力非常有帮助。这里将带大家学习如何使用 Wireshark 抓包并分析。

难度：★★★

4.3.1 Wireshark 抓包机制

Wireshark 是使用广泛的一款开源抓包软件，常用来检测网络问题、攻击溯源、或者分析底层通信机制。

Wireshark 使用的环境大致分为两种，一种是计算机直接连接互联网的单机环境，另外一种就是应用比较多的互联网环境，也就是连接交换机的情况。

在单机情况下，Wireshark 直接抓取本机网卡的网络流量。在交换机情况下，Wireshark 通过端口镜像、ARP 欺骗等方式获取局域网中的网络流量。

Wireshark 的下载

Wireshark 的下载地址为 https://www.wireshark.org/#download，下载后即可快速安装。安装完成后启动 Wireshark 会直接进入网卡选择界面，如图 4-2 所示。

图 4-2　Wireshark 网卡选择界面

4.3.2 Wireshark 的配置

在 Wireshark 安装完成后，需要对其进行配置，以便能够高效地分析抓包文件，比如禁用名称解析、设置 TCP 序列号和自定义 HTTP 解析端口等。

名称解析（Name Resolution）会尝试将数字形式的地址转换成易读形式。不过名称解析会有一些问题，比如解析失败，解析的名字没有保存在抓包文件中，DNS 请求会导致抓包内容增加。

在定位网络问题时，经常需要在客户端和服务器端同时抓包，以判断是否有丢包的问题。这需要让两边的数据能够对应，使用 TCP 序列号是一个不错的方法。在默认情况下，Wireshark 使用了相对序列号，而用户需要使用绝对序列号才能核对双方数据通信。

有时 HTTP 并不是开放 80 端口，为了使 Wireshark 可以主动以 HTTP 协议解析这些非知名端口的通信内容，需要自定义 HTTP 解析的端口。

【实操】禁用名称解析

由于名称解析有时会出现一些问题，所以在使用时需要禁用名称解析。在 Wireshark 主界面单击“编辑”-“首选项”命令，在弹出的“Wireshark 首选项”对话框中选择 Name Resolution 选项，在右侧区域取消勾选所有复选框，然后单击“确定”按钮，如图 4-3 所示。

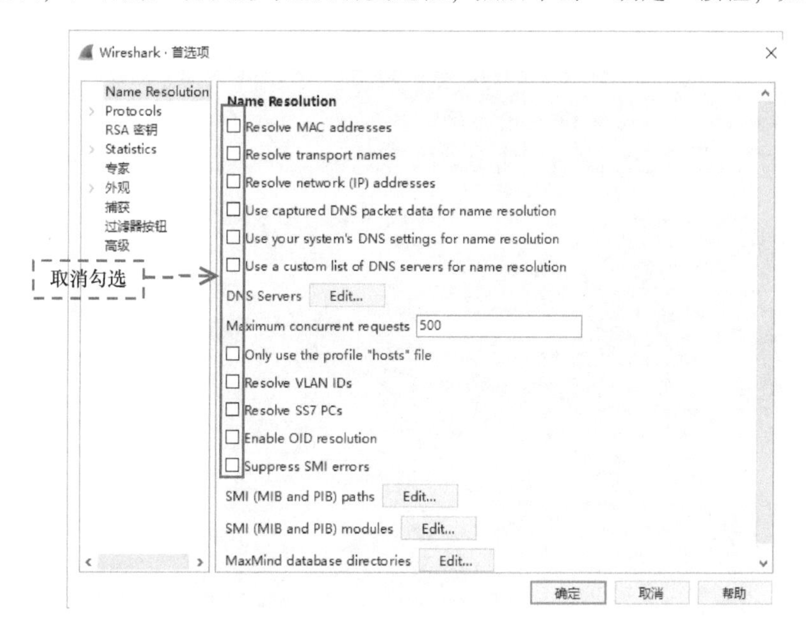

图 4-3 禁用名称解析

【实操】设置 TCP 序列号

默认情况下 Wireshark 使用了相对序列号，这里需要将其修改为使用 TCP 绝对序列号。在“Wireshark 首选项”对话框左侧界面中选择 Protocols-TCP 选项，然后在右侧区域取消勾选 Relative sequence numbers 复选框，然后单击“确定”按钮，如图 4-4 所示。

【实操】自定义 HTTP 解析端口

为了自定义 HTTP 解析端口，在“Wireshark 首选项”对话框左侧界面中选择 Protocols-

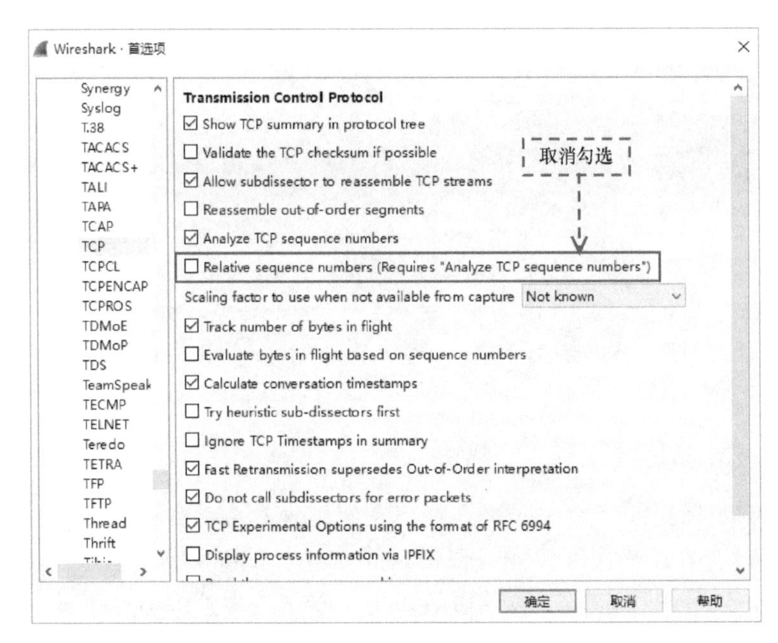

图 4-4　取消相对序列号

HTTP 选项，然后在右侧区域 TCP port 的端口后面输入“，10001”，添加一个自定义的端口号 10001，然后单击“确定”按钮，如图 4-5 所示。

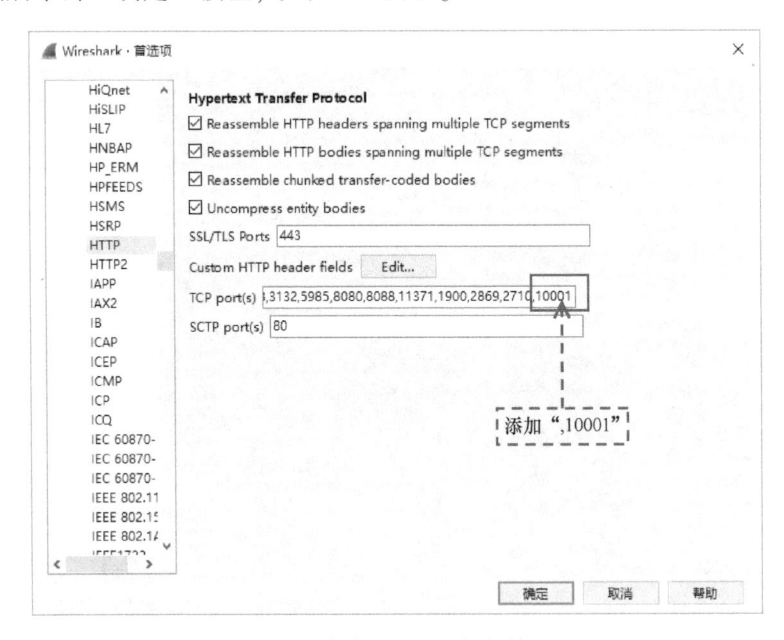

图 4-5　自定义 HTTP 解析端口

4.3.3　Wireshark 过滤规则

在捕获数据后，通常需要用户对这些数据进行一些处理才能进行分析和利用。Wireshark 提供了过滤器可以提取用户需要的数据类型。Wireshark 可以针对协议、IP 地址和端口号等多种条件进行过滤。

【实操】协议过滤

在使用协议过滤时，直接输入协议名即可，不过需要输入协议的小写形式，比如 ICMP 协议输入为 icmp，如图 4-6 所示。这样在过滤栏中输入指定的协议后就可以看到只有此协议的数据包列表。当然，也可以过滤 HTTP 协议和 TCP 协议等。

*WLAN

文件(F) 编辑(E) 视图(V) 跳转(G) 捕获(C) 分析(A) 统计(S) 电话(Y) 无线(W) 工具(T) 帮助(H)

icmp ← 过滤ICMP协议

No.	Time	Source	Destination	Protocol	Length	Info
339	16.279193	192.168.31.9	36.152.44.96	ICMP	74	Echo (ping)
340	16.288480	36.152.44.96	192.168.31.9	ICMP	74	Echo (ping)
341	17.293353	192.168.31.9	36.152.44.96	ICMP	74	Echo (ping)
342	17.302435	36.152.44.96	192.168.31.9	ICMP	74	Echo (ping)
343	18.296661	192.168.31.9	36.152.44.96	ICMP	74	Echo (ping)
344	18.308853	36.152.44.96	192.168.31.9	ICMP	74	Echo (ping)
345	19.315343	192.168.31.9	36.152.44.96	ICMP	74	Echo (ping)
346	19.325374	36.152.44.96	192.168.31.9	ICMP	74	Echo (ping)

图 4-6　协议过滤

【实操】IP 地址过滤

在过滤栏中还可以根据 IP 地址进行过滤，输入 ip.addr == 192.168.31.9 表示显示源 IP 地址或目的 IP 地址为 192.168.31.9 的数据包列表，如图 4-7 所示。

*WLAN

文件(F) 编辑(E) 视图(V) 跳转(G) 捕获(C) 分析(A) 统计(S) 电话(Y) 无线(W) 工具(T) 帮助(H)

ip.addr == 192.168.31.9 ← IP地址过滤

No.	Time	Source	Destination	Protocol	Length	Info
331	7.584893	192.168.31.9	202.89.233.101	TLSv1.2	259	Applic
332	7.584935	192.168.31.9	202.89.233.101	TLSv1.2	92	Applic
333	7.616702	202.89.233.101	192.168.31.9	TCP	54	443 →
334	7.617515	202.89.233.101	192.168.31.9	TCP	54	443 →
335	7.672126	202.89.233.101	192.168.31.9	TLSv1.2	198	Applic
336	7.672192	192.168.31.9	202.89.233.101	TCP	54	51699
337	16.252242	192.168.31.9	192.168.31.1	DNS	73	Standa
338	16.274467	192.168.31.1	192.168.31.9	DNS	132	Standa

图 4-7　IP 地址过滤

如果只是想查看源 IP 地址或目的 IP 地址中的其中一个，可以选择使用 ip.src 或 ip.dst。输入 ip.src == 192.168.31.9 表示只显示源 IP 地址为 192.168.31.9 的数据包列表，如图 4-8 所示。

*WLAN

文件(F) 编辑(E) 视图(V) 跳转(G) 捕获(C) 分析(A) 统计(S) 电话(Y) 无线(W) 工具(T) 帮助(H)

ip.src == 192.168.31.9

No.	Time	Source	Destination	Protocol	Length	Info
326	6.368610	192.168.31.9	204.79.197.222	TCP	54	51708
327	6.369000	192.168.31.9	204.79.197.222	TLSv1.2	92	Applic
329	7.584749	192.168.31.9	202.89.233.101	TLSv1.2	248	Applic
330	7.584893	192.168.31.9	202.89.233.101	TCP	1494	51699
331	7.584893	192.168.31.9	202.89.233.101	TLSv1.2	259	Applic
332	7.584935	192.168.31.9	202.89.233.101	TLSv1.2	92	Applic
336	7.672192	192.168.31.9	202.89.233.101	TCP	54	51699
337	16.252242	192.168.31.9	192.168.31.1	DNS	73	Standa

图 4-8　显示源 IP 地址数据

【实操】端口过滤

使用端口过滤时，tcp.port == 80 表示显示源主机或者目的主机端口为 80 的数据包列表，如图 4-9 所示。

*WLAN

文件(F) 编辑(E) 视图(V) 跳转(G) 捕获(C) 分析(A) 统计(S) 电话(Y) 无线(W) 工具(T) 帮助(H)

tcp.port == 80 ←----- 端口过滤

Destination	Protocol	Length	Info
120.241.21.117	TCP	66	51714 → 80 [SYN] Seq=1851407201 Win=64240 Len=0 MSS
192.168.31.9	TCP	66	80 → 51714 [SYN, ACK] Seq=3563034017 Ack=185140720
120.241.21.117	TCP	54	51714 → 80 [ACK] Seq=1851407202 Ack=3563034018 Win=
120.241.21.117	HTTP	871	POST /mmtls/000065c5 HTTP/1.1
192.168.31.9	TCP	54	80 → 51714 [ACK] Seq=3563034018 Ack=1851408019 Win=
192.168.31.9	HTTP	366	HTTP/1.1 200 OK
192.168.31.9	TCP	54	80 → 51714 [FIN, ACK] Seq=3563034330 Ack=185140801
120.241.21.117	TCP	54	51714 → 80 [ACK] Seq=1851408019 Ack=3563034331 Win=
120.241.21.117	TCP	54	51714 → 80 [FIN, ACK] Seq=1851408019 Ack=356303433

图 4-9　端口过滤

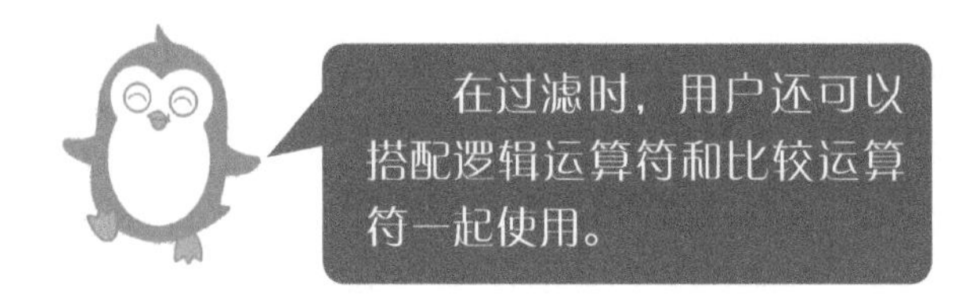

4.4 【实战案例】分析数据包

Wireshark 作为一个网络封包（封装数据包）分析软件，在网络封包和流量分析领域有着十分强大功能，深受各类网络工程师和网络分析师的喜爱。这里将使用该工具抓取数据包并进行相关分析。

难度：★★

使用 Wireshark 分析数据包

Wireshark 作为主流的网络封包分析软件，可以截取各种网络数据包，并显示数据包的详细信息。这里将以一个简单的抓包操作为例，介绍 Wireshark 抓取数据包的过程。

使用 Wireshark 抓取 ping 命令操作

在 Wireshark 主界面单击“捕获” - “选项”命令，在弹出的“Wireshark 捕获选项”对话框的 Input 选项卡中选择 WLAN 选项，然后单击“开始”按钮捕获网卡数据包，如图 4-10 所示。

此时 Wireshark 处于抓包状态中。启动命令提示符，执行 ping www.baidu.com 的操作。会返回 ICMP 包。

图 4-10　选择 WLAN

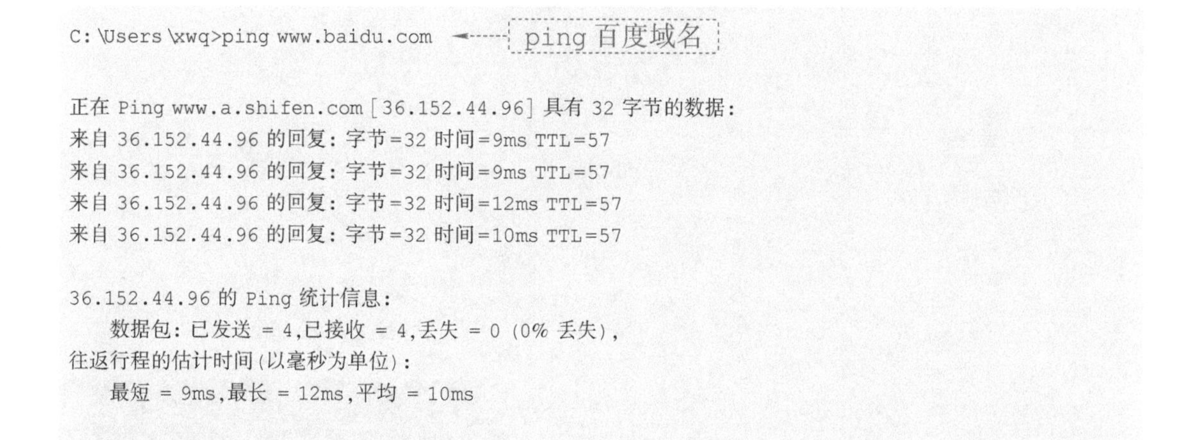

```
C:\Users\xwq>ping www.baidu.com        ping 百度域名

正在 Ping www.a.shifen.com [36.152.44.96] 具有 32 字节的数据:
来自 36.152.44.96 的回复: 字节=32 时间=9ms TTL=57
来自 36.152.44.96 的回复: 字节=32 时间=9ms TTL=57
来自 36.152.44.96 的回复: 字节=32 时间=12ms TTL=57
来自 36.152.44.96 的回复: 字节=32 时间=10ms TTL=57

36.152.44.96 的 Ping 统计信息:
    数据包: 已发送 = 4,已接收 = 4,丢失 = 0 (0% 丢失),
往返行程的估计时间(以毫秒为单位):
    最短 = 9ms,最长 = 12ms,平均 = 10ms

C:\Users\xwq>
```

这样会抓取到 ICMP 协议的数据包。此时获取的数据包列表中包含了大量无效数据，如图 4-11 所示。

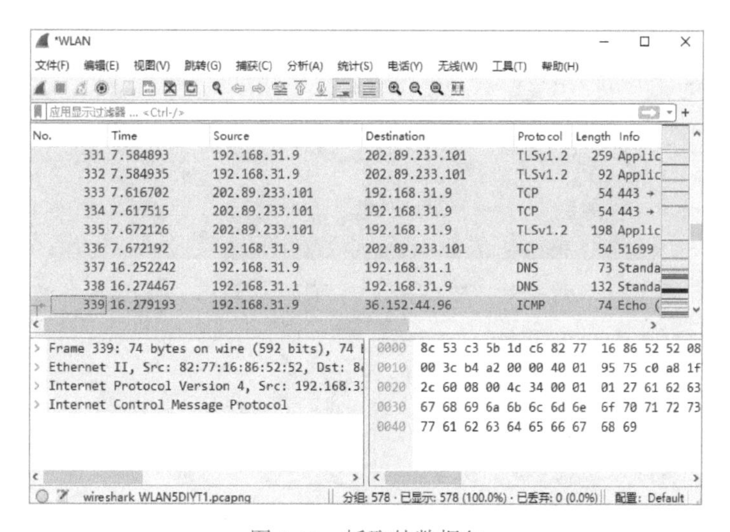

图 4-11　抓取的数据包

要想查看 ICMP 协议的数据，需要对这些数据进行过滤操作。此时用户可以在过滤栏中输入过滤条件。从命令提示符中获取的返回数据可以看到 IP 地址信息，因此可以指定过滤条件为 ip.addr == 36.152.44.96 and icmp，表示只显示 ICMP 协议并且源主机 IP 或目的主机 IP 地址为 36.152.44.96 的数据包。过滤之后可以看到符合条件的结果，如图 4-12 所示。

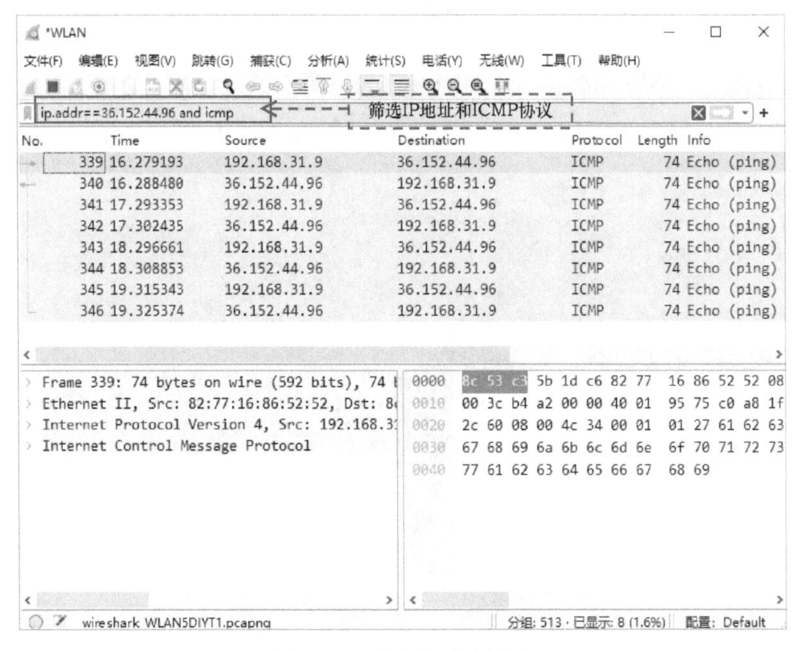

图 4-12 过滤之后的结果

在流量不大或者组网不复杂的情况下，使用显示过滤器进行抓包后处理就可以满足用户所需。

4.5 【专家有话说】 追踪数据流

在 Wireshark 中提供了一种数据追踪流的功能，以通信双方的 IP 地址和端口号为依据，可以追踪该连接上的所有通信予以过滤展示。一个完整的数据流由很多包组成，想查看某一条数据对应的数据流，可以使用 Wireshark 中的追踪流功能。

难度：★★

追踪 TCP 数据流

Wireshark 提供了多种追踪流，比如 TCP 流、UDP 流、TLS 流和 HTTP 流等。当用户需要追踪的数据包属于哪种流，就可以选择追踪对应的流。

【实操】追踪 TCP 数据流并保存原始数据

在抓取到的数据包中，选择其中一条后单击鼠标右键，在弹出的快捷菜单中选择“追踪流”-“TCP 流”命令，如图 4-13 所示。

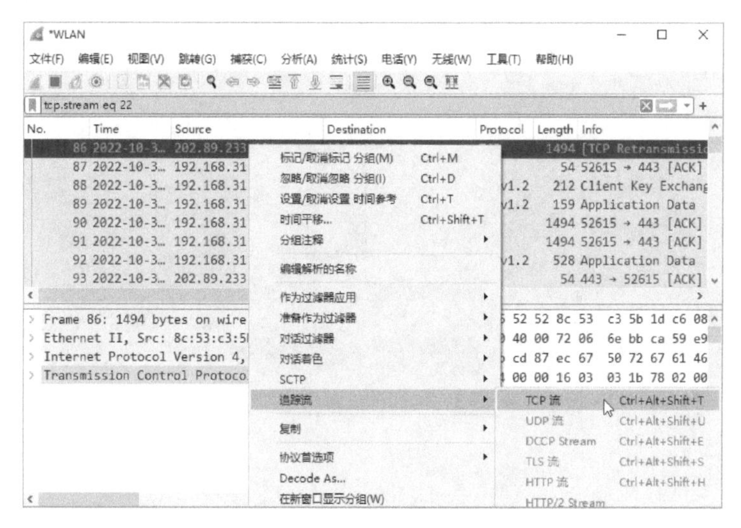

图 4-13　选择追踪 TCP 流

当用户选择了追踪哪一种流时，会弹出该流的完整数据流，以及这个数据流中包含的数据包。这时整个 TCP 流就会在一个单独的窗口中显示出来，用户可以选择源地址到目的地址或目的地址到源地址的数据，然后将默认的 ASCII 改成原始数据，以便进行后续的处理，如图 4-14 所示。这里可以将文件的扩展名指定为.bin，另存为一个二进制文件。

图 4-14　保存原始数据

本章主要介绍了一些主流的网络分析工具，它们都可以高效地分析网络数据包。对于 tcpdump 工具，介绍了它的实现机制和抓包原则。使用 RawCap 工具抓取了回环数据包，也明白了它的局限性。对于 Wireshark 抓包工具，先学习了它的抓包机制、配置和过滤规则，然后使用该工具进行了常用的抓包操作。将这些工具结合使用，可以有效地解决工作中遇到的疑难问题。

知识拓展——调整 Wireshark 数据包列表中的时间格式

在默认情况下抓取数据包后，Wireshark 数据包列表中 Time 列的时间格式不便于浏览和理解，如图 4-15 所示。

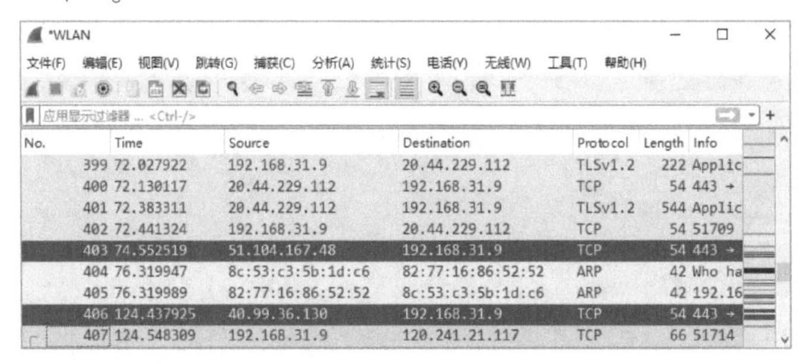

图 4-15 默认的时间格式

在“视图”-“时间显示格式”中可以调整时间的显示格式，调整后如图 4-16 所示。

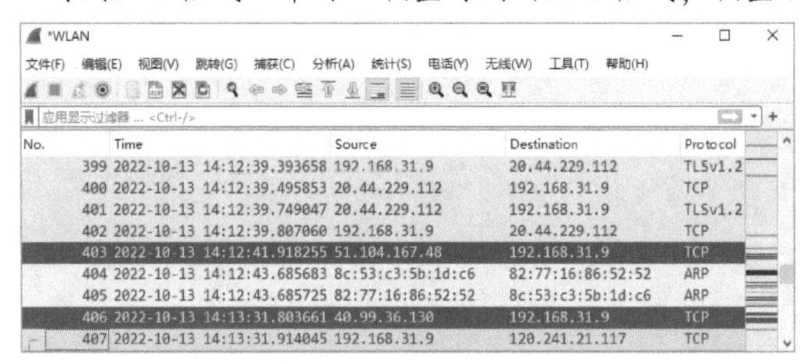

图 4-16 调整后的时间格式

Chapter

5

用户的权限

Linux 是多用户的操作系统，安全地管理用户是确保系统安全的任务之一。用户管理不善将会对系统造成诸多安全威胁。每个用户都有各自的专属权限，同时，也允许用户以特定的权限访问系统资源。

5.1 Linux 用户的重要性

多用户的操作系统通常用于服务器，这就意味着多个用户可以使用同一个操作系统去共享硬件和内核，也可以并发地为用户执行任务。无论是系统管理员还是普通用户，都应该意识到系统中的用户对系统安全的重要性。如果不加以重视，这将是很大的潜在威胁。

难度：★

管理员的作用

Linux 系统中的用户从权限上来分，可以分为管理员和普通用户。管理员具有管理普通用户的权限，需要维护系统安全。而普通用户只具备部分权限，这部分权限也是管理员赋予的。

在 Linux 系统中只有一个 root 用户，它拥有最高权限，是系统管理员。通过 root 用户可以创建很多普通用户，并以这些用户的用户名和密码登录到系统中，进行日常的操作。

管理员可以做的事情

系统管理员可以做的事情不仅仅是创建和管理普通用户，其负责的事情如表 5-1 所示。

表 5-1 系统管理员负责的事

负责的事情	说 明
管理进程	更改进程的优先级；可以向任何进程发送进程信号；修改系统的限制条件；调试进程；加载和卸载模块
控制设备	访问在线设备；格式化硬盘；关机和重启服务器；设置时间和日期；读取和修改内存区域
网络控制	配置网络；设置网卡；设置网络防火墙；在信任的端口上运行相关网络服务
文件系统管理	读取、修改和删除系统中的文件；运行任何程序；挂载和卸载文件系统；启用或禁用磁盘配额
用户控制	新增、删除普通用户和用户组；为任何用户修改密码

5.2 用户管理的基本操作

在 Linux 操作系统中可以通过各种命令实现新增用户、设置密码、删除用户和修改用户属性等操作。这些也是 Linux 系统中用户管理的基本操作。熟练掌握这些操作是管理员的必备技能之一。

难度：★★

5.2.1 新增用户

Linux 系统中只有一个 root 用户，通过 root 用户可以创建很多普通用户。每一个普通用户都有一个自己的家目录，一般在/home 目录中。在 Linux 系统中使用 useradd 命令搭配相应选项可以创建新用户。

【实操】创建一个新用户

下面直接使用 useradd 命令创建新用户 wendy，使用 id 可以查看该用户的 UID 和 GID。从结果中可以看到该用户的 UID 为 1001，GID 为 1001。

```
[root@localhost ~]# useradd wendy   ←新增用户
[root@localhost ~]# id wendy
uid=1001(wendy) gid=1001(wendy) groups=1001(wendy)
[root@localhost ~]#
```

【实操】为新用户设置密码

passwd 命令用于为指定的用户设置密码。系统管理员 root 可以为自己和其他用户设置密码，普通用户只能使用该命令修改自己的密码。下面使用 passwd 命令为用户 wendy 设置密码。

```
[root@localhost ~]# passwd wendy   ←为新增用户设置密码
Changing password for user wendy.
New password:
Retype new password:
passwd: all authentication tokens updated successfully.
[root@localhost ~]#
```

如果直接执行 passwd 命令，而不指定用户名，就表示为当前登录的这个用户设置密码。在为用户设置密码时，为了安全性着想也要符合密码复杂度要求。

【实操】普通用户修改个人密码

如果当前以普通用户 summer 的身份登录系统，想要修改自己的密码，直接执行 passwd 密码即可。

```
[summer@localhost ~]$passwd   ←普通用户为自己设置密码
Changing password for user summer.
Changing password for summer.
(current) UNIX password:
New password:
Retype new password:
passwd: all authentication tokens updated successfully.
[summer@localhost ~]$
```

5.2.2 删除用户

userdel命令用于删除用户及其相关记录。删除用户就是要将/etc/passwd等系统文件中的该用户记录删除，必要时还会删除用户的家目录。在删除用户时可以选择是否将其家目录一并删除。这个命令只有root用户才有权使用，普通用户无法将自身删除。

在删除一个用户之前，最好先使用find命令在主目录（即/home目录）下查找当前系统中有哪些属于该用户的文件。这样不会误删一些重要的文件。确认没有重要文件后，可以删除该用户及其所有的文件。

【实操】直接删除用户

已知/home目录中有三个用户的家目录，其中test是用户tracy的家目录，wendy是用户wendyNum1的家目录。现在需要使用userdel命令删除tracy用户，然后查看/home目录中此用户的家目录test是否仍然存在。

```
[root@localhost ~]# cd /home
[root@localhost home]# ls
summer  test  wendy
[root@localhost home]# userdel tracy   ◄------ 删除用户
[root@localhost home]# ls
summer  test  wendy
[root@localhost home]#
```

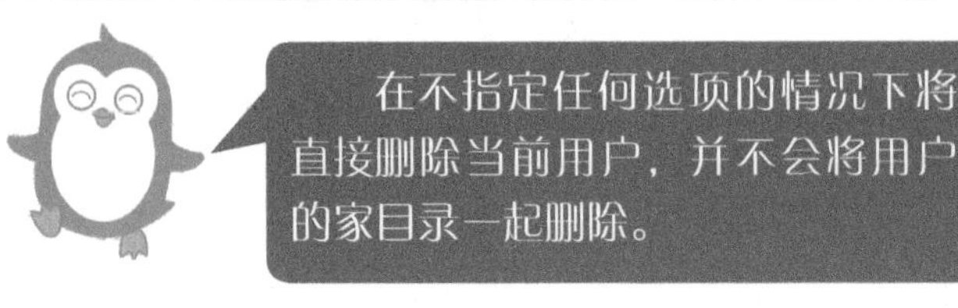

5.2.3 修改用户属性

在某些情况下，需要临时锁定某个用户，暂时不允许该用户登录系统。这时就可以使用usermod命令来实现。usermod命令用于修改系统中已有用户的属性，包括用户名、用户组和登录Shell等。

【实操】修改用户的说明信息

下面使用-c选项修改用户wendyNum1的说明信息。默认情况下，/etc/passwd文件的第五个字段并没有用户的说明信息，这里添加说明信息“old name is wendy.”。

```
[root@localhost ~]# usermod -c "old name is wendy." wendyNum1
[root@localhost ~]# tail -3 /etc/passwd
summer:x:1000:1000:summer:/home/summer:/bin/bash
tracy:x:1002:1002::/home/test:/bin/bash
wendyNum1:x:1001:1001:old name is wendy.:/home/wendy:/bin/bash
[root@localhost ~]#
```

【实操】锁定用户

如果想临时锁定一个用户，可以使用usermod的-L选项。锁定之后在/etc/shadow文件中第二个字段的最前面就会有一个！符号表示此用户处于锁定状态。想解除锁定的话，则使用-U 选项即可。

```
[root@localhost ~]# tail /etc/shadow |grep rob
rob:$6$vjaApbFY$k6p2aw7flEJ.MUTk17NhuqjBINfK1WebaqIz05dH1hR7x3SMvJ3mnOG3YHReu/RolRgkaU-VQLhUQ6PeeyL0Oz/:19218:0:99999:7:::
[root@localhost ~]# usermod -L rob    ←锁定用户
[root@localhost ~]# tail /etc/shadow |grep rob
rob:!$6$vjaApbFY$k6p2aw7flEJ.MUTk17NhuqjBINfK1WebaqIz05dH1hR7x3SMvJ3mnOG3YHReu/Rol-RgkaUVQLhUQ6PeeyL0Oz/:19218:0:99999:7:::
[root@localhost ~]# usermod -U rob    ←解除锁定
[root@localhost ~]# tail /etc/shadow |grep rob
rob:$6$vjaApbFY$k6p2aw7flEJ.MUTk17NhuqjBINfK1WebaqIz05dH1hR7x3SMvJ3mnOG3YHReu/RolRgkaU-VQLhUQ6PeeyL0Oz/:19218:0:99999:7:::
[root@localhost ~]#
```

需要更改用户家目录的时候也会用到 usermod 命令。

5.3 用户关键文件

在使用用户名和密码登录 Linux 系统时，系统会对输入的这些信息进行验证。只有正确输入用户名和密码才能通过验证，顺利登录到系统中。系统在验证时会去与用户相关的文件进行核对，这些文件中记录了系统中用户的基本信息。

难度：★★

5.3.1 /etc/passwd 文件

/etc/passwd 文件记录了 Linux 系统中所有用户的信息，是用户的关键文件之一。除了 root 用户和创建的普通用户之外，还可以看到很多系统用户。文件中每一行记录了一个用户的信息，通过冒号将一行信息分隔成了 7 个字段。

/etc/passwd 文件的字段含义

下面使用 cat 命令查看/etc/passwd 文件中关于 root 的记录。从中可以看到一行记录了一个用户的相关信息，每个字段都被冒号分隔开。

```
[root@localhost ~]# cat /etc/passwd | grep root
root:x:0:0:root:/root:/bin/bash
operator:x:11:0:operator:/root:/sbin/nologin
[root@localhost ~]#
```

下面通过表格分别解释这 7 个字段的含义，具体如表 5-2 所示。

表 5-2 /etc/passwd 文件的字段含义

字 段	说 明
用户名	第一个字段。用户名与 UID 对应
密码	第二个字段。如果该字段为 x，表示用户登录系统时必须输入密码。如果该字段为空，表示用户登录系统时不用提供密码
UID	第三个字段。用户标识符，比如 root 用户的 UID 是 0
GID	第四个字段。用户组标识符，与/etc/group 文件有关
说明信息	第五个字段。用来记录该用户的注释信息，比如记录用户的住址、联系方式等
用户的家目录	第六个字段。普通用户的家目录就是/home 目录下与用户名同名的目录，而 root 用户的家目录为/root
用户登录系统后使用的 Shell	第七个字段。用户登录系统后会获取一个 Shell 与内核交流，方便用户操作。Linux 系统中的 Shell 有多种类型，一般使用的 Shell 为 bash

【实操】/etc/passwd 文件的默认权限

/etc/passwd 文件的默认权限是 0644，所属用户为 root。如果这个文件的权限和所属用户发生了变化，表示可能发生了异常事件。比如用户误操作或者系统被入侵，这都需要引起大家的注意。

```
[root@localhost ~]# stat /etc/passwd
  File: '/etc/passwd'
  Size: 2439          Blocks: 8          IO Block: 4096   regular file
Device: 803h/2051d    Inode: 18849781    Links: 1
Access: (0644/-rw-r--r--)  Uid: (    0/    root)   Gid: (    0/    root)
Context: system_u:object_r:passwd_file_t:s0
Access: 2022-9-13 16:54:03.041150060 +0800
Modify: 2022-9-13 16:54:02.441153989 +0800
Change: 2022-9-13 16:54:02.442153983 +0800
  Birth: -
[root@localhost ~]#
```

文件权限和所属用户

5.3.2 /etc/shadow 文件

Linux 系统中用户的密码记录在/etc/shadow 文件中。该文件的记录格式与/etc/passwd 文件相同，也是一行记录一个用户的信息，每个字段之间使用冒号分隔，共有 9 个字段。

/etc/shadow 文件的字段含义

下面使用 cat 命令查看/etc/shadow 文件中关于 root 的记录。从中可以看到一行记录了一个用户的相关信息，每个字段都被冒号分隔开。其中第二个字段的内容尤其多。

```
[root@localhost ~]# cat /etc/shadow |grep root
root:$6$zeXU7L71f1Zq7kkf$hIMuNOfqg8lVeF2BrV4T7UZhDXW4gCTLCJUQrqYNwg6EpFy4qc4ds1CJfw3ZKBf1-wN-
WEjkmm5SrbZFzhts97Q1::0:99999:7:::
[root@localhost ~]#
```

下面通过表格分别解释这 9 个字段的含义，具体如表 5-3 所示。

表 5-3 /etc/shadow 文件的字段含义

字　段	说　明
用户名	第一个字段。用户名，与/etc/passwd 文件中的第一个字段相对应
密码	第二个字段。这个字段记录的是经过加密的密码，不同的编码方式产生的加密字段长度也是不同的。如果此字段为“*”“!”等符号，那么对应的用户是不能用来登录系统的
最近修改密码的日期	第三个字段。如果该字段为空表示最近没有修改过密码。如果非空就是一串数字而不是具体的日期。这个数字是从 1970 年 1 月 1 日作为数字 1 累加起来的（即将 1970 年 1 月 1 日作为第 1 天开始累加）
最小时间间隔	第四个字段。该字段需要与第三个字段相比，表示用户的密码在最后一次被修改后需要经过多少天才可以被再次修改（两次修改密码之间的最小时间间隔）。0 表示密码可以随时被修改。比如该字段为 10，则表示在 10 天之内无法修改密码
最大时间间隔	第五个字段。该字段同样需要与第三个字段相比，表示两次修改密码之间的最大时间间隔，这个设置能增强管理员管理用户的时效性。99999 表示不强制修改密码
密码需要修改前的警告天数	第六个字段。该字段需要与第五个字段相比，表示当密码的有效期快到时，系统会根据该字段的值给这个用户发出警告信息，提醒用户尽快重新设置密码。该字段为 7，表示密码到期之前的 7 天之内会发出警告信息
密码失效日	第七个字段。该字段同样需要与第五个字段相比，表示密码超过了有效期限。密码有效期＝最近修改密码的日期（第三个字段）+密码需要重新修改的天数（第五个字段）。超过该期限后用户再次登录系统时，系统会强制要求用户设置密码
用户失效日期	第八个字段。该字段也是从 1970 年 1 月 1 日作为 1 累加起来的天数。在这个字段指定的日期之后，用户将无法再使用该用户名登录系统。如果这个字段的值为空，表示该账号永久有效
保留字段	第九个字段。通常是为了以后增加的新功能预留的字段

【实操】/etc/shadow 文件的默认权限

/etc/shadow 文件的默认权限是 0000，所属用户为 root。如果这个文件的权限和所属用户发生了变化，表示可能发生了异常事件。比如用户误操作或者系统被入侵，这都需要引起大家的注意。

```
[root@localhost ~]# stat /etc/shadow
  File: ‘/etc/shadow’
  Size: 1433            Blocks: 8          IO Block: 4096   regular file
Device: 803h/2051d      Inode: 18849782    Links: 1    文件权限和所属用户
Access: (0000/----------)  Uid: (    0/    root)   Gid: (    0/    root)
Context: system_u:object_r:shadow_t:s0
Access: 2022-10-13 16:54:03.040150066 +0800
Modify: 2022-10-13 16:54:02.444153970 +0800
Change: 2022-10-13 16:54:02.445153963 +0800
 Birth: -
[root@localhost ~]#
```

从两个重要文件的权限中可以看到，/etc/passwd 文件内容是所有用户都可以看到的，而/etc/shadow 文件只有 root 这一个用户可以看到。

5.4 用户密码管理

虽然 Linux 的设计是相对安全的，但还是存在许多安全漏洞的风险，弱密码就是其中之一。在发生的系统安全事件中，很多都与密码有关，成为威胁系统安全的最主要的风险之一。作为系统管理员，必须为用户提供一个强密码。因为大部分的系统漏洞是由弱密码引发的。

难度：★★★

5.4.1 用户密码的复杂度

默认情况下，所有的 Linux 操作系统要求用户密码长度最少保持 6 个字符。在设置密码时很多人都没有遵循密码复杂度，导致密码非常容易被别人猜到。

有人会认为测试环境不重要，使用简单密码无所谓，这其实隐藏着巨大的风险。如果测试环境中部署了与生产环境相同或相似的代码，这些代码的泄露将会直接导致生产环境中被黑客察觉和利用。

在 Linux 系统中可以设置一定的密码复杂度从而保证用户的密码在一定程度上是安全的。比如用户密码必须不少于 12 位，并且包含大小写字母、数字和其他字符，而且每个字符能多次重复。

【实操】在配置文件中设置密码复杂度

在配置文件/etc/security/pwquality.conf 中可以设置密码的复杂度。minlen 字段表示密码的最小位数，minclass 表示密码中包含的字符种类，maxrepeat 表示密码中每个字符最多允许重复的次数。

```
root@localhost ~]# vim /etc/security/pwquality.conf
# Configuration for systemwide password quality limits
# Defaults:
# Minimum acceptable size for the new password (plus one if
# credits are not disabled which is the default). (See pam_cracklib manual.)
# Cannot be set to lower value than 6.
minlen = 10  ◄------ 密码的最小位数为 10
……中间省略……
# The minimum number of required classes of characters for the new
# password (digits, uppercase, lowercase, others).
minclass = 4  ◄------ 密码中包含 4 种字符(数字、大小写字母和其他特殊符号)
……中间省略……
# The maximum number of allowed consecutive same characters in the new password.
```

```
# The check is disabled if the value is 0.
# maxrepeat = 2   ←---- 密码中每个字符最多允许重复的次数为 2
……以下省略……
```

【实操】验证密码复杂度

设置完密码复杂度之后，可以新建一个用户 xwq，并为其设置密码。如果密码不符合复杂度的要求，将会出现提示信息。

```
[root@localhost ~]# useradd xwq
[root@localhost ~]# passwd xwq
Changing password for user xwq.    密码不符合要求时的提示
New password:
BAD PASSWORD: The password contains less than 4 character classes
Retype new password:
```

通过对用户密码设置复杂度的要求，可以在很大程度上减少出现弱密码的概率，这样就极大地提高了系统的安全性。

5.4.2 弱密码的检查方法

通过前面密码复杂度的学习，读者已经了解了符合要求的密码是什么样的。不过我们仍然可以使用工具来验证系统中是否存在弱密码。比如检查用户的密码是否设置得过于简单。这里使用 John the ripper 检查弱密码问题，它是一款快速的密码破解工具，可以破解出不够复杂的用户密码。

【实操】安装 John the ripper

在/opt 目录中安装 John the ripper。使用 wget 方式获取该软件，然后使用 tar 解压缩，之后进入源代码目录进行编译安装。

```
cd /opt
wget https://www.openwall.com/john/j/john-1.8.0.tar.gz
tar zxvf john-1.8.0.tar.gz
cd john-1.8.0/src
make clean linux-x86-64   ←---- 编译安装
```

【实操】破解用户密码

如果平时设置的用户密码符合复杂度要求，可以在正式破解密码前先创建一个拥有简单密码的用户。然后再开始破解密码进行反复对比，最终破解出了用户 papi 的密码为 1234。这里是将破解的密码保存到 mypasswd.txt 文件，该文件中有破解记录。“papi:1234:1004”中的 1234 就是破解后的密码。下面代码中的“显示破解的密码”注释是标注这行命令的功能。

```
[root@localhost opt]# cd john-1.8.0/run   ◄------ 进入安装后的目录
[root@localhost run]# ./unshadow /etc/passwd /etc/shadow > mypasswd.txt
▲...... 将 passwd 和 shadow 整合到一个文件中
[root@localhost run]# ./john --wordlist=password.lst mypasswd.txt
Loaded 5 password hashes with 5 different salts (crypt, generic crypt(3) [? /64])
Press 'q' or Ctrl-C to abort, almost any other key for status
1234            (papi)   ◄------ 破解用户 papi 的密码
1g 0:00:00:32 93% 0.03104g/s 98.35p/s 405.3c/s 405.3C/s spazz..dasha
Use the "--show" option to display all of the cracked passwords reliably
Session aborted
[root@localhost run]# ./john --show mypasswd.txt   ◄------ 显示破解的密码
papi:1234:1004:1006::/home/papi:/bin/bash

1 password hash cracked, 4 left
[root@localhost run]#
```

之后再次创建一个用户 userA 并为其设置密码 abc123，同样可以将密码破解出来。

```
[root@localhost run]# ./unshadow /etc/passwd /etc/shadow > mypw.txt
[root@localhost run]# ./john --wordlist=password.lst mypw.txt ◄------ 使用密码字典 password.lst 破解密码
Loaded 6 password hashes with 6 different salts (crypt, generic crypt(3) [? /64])
Remaining 5 password hashes with 5 different salts
Press 'q' or Ctrl-C to abort, almost any other key for status
abc123          (userA)
1g 0:00:00:35 100% 0.02810g/s 99.66p/s 401.3c/s 401.3C/s !@#$%..sss
……省略……
[root@localhost run]# ./john --show mypw.txt
papi:1234:1004:1006::/home/papi:/bin/bash
userA:abc123:1005:1007::/home/userA:/bin/bash

2 password hashes cracked, 4 left
[root@localhost run]#
```

5.5 特权管理与时间追踪

在 Linux 系统中，root 用户的权限是非常大的，一般情况下不推荐使用 root 用户登录系统，只有在特殊情况下才会使用 root 登录系统，并执行管理任务，所以需要对特权进行管理。当需要排查故障时，追踪命令的执行时间也是非常必要的。

难度：★★

5.5.1 用户特权管理

默认情况下任何普通用户只要知道 root 的密码，就可以通过 su - root 获取 root 权限，这样就会带来一些安全隐患。我们设置只有某个组的用户才可以通过 su 变成 root，这样即使其他组的用户知道了 root 密码，也无法通过 su 切换到 root。

对比于使用 su - root 的方式获取 root 权限，使用 sudo 则更加方便，可以直接在配置文件/etc/sudoers 中设置某个用户组的用户拥有指定的权限。

【实操】限定用户使用 su

在配置文件/etc/pam.d/su 中新增一行记录，限制只有 wheel 组的用户可以使用 su 变成 root。

```
[root@localhost ~]# vim /etc/pam.d/su
auth            required        pam_wheel.so group=wheel
```

【实操】配置 sudo

相比于限制可以使用 su 的用户，可以在/etc/sudoers 配置文件中加入以下设置，这样可以设置 wheel 组中的用户直接通过 sudo 变成 root 而不需要密码。

```
[root@localhost ~]# vim /etc/sudoers
%wheel        ALL=(ALL)       NOPASSWD: ALL
```

5.5.2 追踪时间戳记录

用户平时在系统中执行的每一个命令都会有记录。执行 history 命令就可以看到历史命令记录，每一条记录前面都会有数字编号。这种记录只能让用户知道自己执行了什么命令，但是不知道在哪一个时间执行了什么命令。如果这些历史命令记录中有时间记录，那么用户在排查故障和分析入侵时间时就可以将操作与时间对应起来，排查问题也会更加清晰明了。

要想在历史命令记录中追踪到时间戳记录，需要在配置文件/etc/profile 中设置时间格式。

【实操】设置历史记录中的时间格式

在配置文件/etc/profile 中新增一行记录，指定历史时间格式。%F 等同于%Y-%m-%d（年-月-日），%T 等同于%H:%M:%S（小时：分钟：秒）。编辑保存后执行 source /etc/profile 使设置生效。

```
[root@localhost ~]# vim /etc/sudoers
export HISTTIMEFORMAT="%F %T "
```

在修改配置文件之前，执行 history 命令默认只会显示编号和对应的命令。

```
[root@localhost run]# history
    1  vim /etc/rsyslog.conf
    2  cat /var/log/secure
    3  logrotate -v /etc/logrotate.conf
    4  clear
    5  ls
    6  vim hello.java
    7  ls
……省略……
```

在配置文件/etc/profile 中添加时间记录后，每一条历史命令记录都会有对应的执行时间。

```
[root@localhost ~]# history
    1  2022-09-13 22:17:17 vim /etc/rsyslog.conf
    2  2022-09-13 22:17:17 cat /var/log/secure
    3  2022-09-13 22:17:17 logrotate -v /etc/logrotate.conf
    4  2022-09-13 22:17:17 clear
    5  2022-09-13 22:17:17 ls
    6  2022-09-13 22:17:17 vim hello.java
    7  2022-09-13 22:17:17 ls
……省略……
```

本章围绕用户和密码展开介绍，目的就是希望大家重视密码管理和安全意识。

5.6 【实战案例】生成复杂密码

在设置密码时应该避免设置简单的密码，在需要批量生成复杂密码时，可以使用复杂密码自动生成工具来实现。这种工具可以一次性生成多个符合要求的复杂密码，提高了账户的安全指数。

难度：★★

生成复杂密码的方法

Linux 系统中提供了随机生成密码的多种方法。在使用 OpenSSL 生成复杂密码时，将会生成一个随机的复杂密码，密码长度可以自己指定。不过如果指定的密码位数不足以达到高强度密码要求，默认情况下 OpenSSL 会对该密码自动添加字符，使其保证密码高强度。

另外一个随机生成密码的方法是 pwgen，它是一个简单却非常有用的命令行工具，可以在短时间内生成一个随机且高强度的密码。它设计出的安全密码可以被人们更容易地记住。

使用 OpenSSL 生成复杂密码

在使用 OpenSSL 命令生成密码时，rand 表示生成随机字符，-base64 表示生成 base64 编码，在之后可以指定密码长度。

```
[root@localhost ~]# openssl rand -base64 10
tkZ8AT63OyBCTQ==
[root@localhost ~]# openssl rand -base64 15
VQrBgurykxkvgg/Fb8da
[root@localhost ~]# openssl rand -base64 25
pjBm+4mTNjFs21E1c2ods4v6dU1EX9bULQ==
[root@localhost ~]#
```

【实操】使用 pwgen 生成复杂密码

如果 Linux 系统中没有安装 pwgen，需要先安装 epel-release 扩展包，再安装 pwgen。

```
yum -y install epel-release  ◄----- 安装 epel-release 扩展包
yum -y install pwgen  ◄----- 安装 pwgen
```

完成 pwgen 的安装后，使用 pwgen 命令生成复杂密码。如果直接执行此命令，则会生成上百个密码。搭配选项则会按要求生成密码，-c 表示密码中至少包含一个大写字母，-n 表示密码中至少包含一个数字，-y 表示密码中至少包含一个特殊字符。数学 14 表示生成一个包含 14 位字符的密码，数字 3 表示生成 3 个符合条件的密码。

```
[root@localhost ~]# pwgen -c -n -y 14 3
ya[i2ookoh3Oph EiPha<o4Thu4Qu Ohya>t6equ1ien  ◄----- 生成的 3 个符合条件的密码
[root@localhost ~]#
```

在更改和创建密码时，为了提升系统的安全性，一般会要求用户设置复杂度高一些的密码。对于那些保密性高的账户，还可以定期生成复杂密码替换旧有的密码，以保证账户的安全。

5.7 【专家有话说】关键环境变量

变量是计算机系统用于保存可变值的数据类型，用户可以直接通过变量名称来提取到对应的变量值。在 Linux 系统中，环境变量用来定义系统运行环境的一些参数，比如 HOME 变量。Linux 系统中环境变量的名称一般都是大写的，这也是一种约定俗成的规范。

难度：★★

认识环境变量

Linux 系统能够正常运行并且为用户提供服务，需要数百个环境变量来协同工作。Linux 作为一个多用户多任务的操作系统，能够为每个用户提供独立的、合适的工作运行环境。因此，一个相同的环境变量会因为用户身份的不同而具有不同的值。

一些重要的环境变量有 HOME、SHELL、PATH、HISTSIZE 和 HISTFILESIZE 等。

【实操】将环境变量设置为只读

在/etc/skel/.bashrc 和各个用户的.bashrc 文件中可以添加设置项，将环境变量设置为只读，通过将环境变量设置为只读，可以有效防止普通用户的一些操作，比如截断命令历史。同时也方便管理员有效地管理用户的行为。

```
readonly HISTFILE
readonly HISTFILESIZE
readonly HISTSIZE
readonly HISTCMD
```

环境变量是由固定的变量名与用户或系统设置的变量值两部分组成的，用户也可以自行创建环境变量来满足工作需求。

本章主要介绍了与用户相关的内容，包括用户权限和密码等。首先读者需要了解用户在系统中的重要性，知道管理员可以对普通用户的基本操作。然后了解关于用户的几个关键文件，里面记录了各个用户的属性信息。最后是对用户密码的管理，在设置密码时不要设置简单的密码，而是要设置符合密码复杂度要求的密码。通过本章的学习，希望大家可以重视Linux中用户的管理。

知识拓展——切换运行级别

运行级别简单来说就是指操作系统当前正在运行的功能级别。在Linux系统中一共定义了7种运行级别，从0到6，每一种运行级别都具有不同的功能。Linux系统中的运行级别说明如表5-4所示。

表5-4 运行级别说明

运行级别	说明
0	关机，代表系统的停机状态。默认情况下，系统运行级别不能设置为0，否则一开机就进入关机模式，计算机将不能正常启动
1	单用户模式，只支持root用户，主要用于系统维护，禁止远程登录
2	多用户状态，没有网络服务
3	多用户状态，有网络服务。用户登录后进入控制台命令行模式，在没有网络的环境下等同于运行级别2。在实际的生产环境中更多地会使用此运行级别
4	系统一般不使用，仅作为保留。在一些特殊情况下可以用它来做一些事情，比如在笔记本电脑的电池用尽时，可以切换到这一模式来进行一些设置
5	图形界面的多用户模式
6	系统重启。默认情况下，运行级别不能设为6，否则计算机一开机就进入重启模式会一直不停地重启，系统将不能正常的启动

其中常见的运行级别是3和5。这7种运行级别的区别在于系统默认启动的服务不同。在任何运行级别下，用户都可以使用init命令，来切换到其他的运行级别。事实上，标准的Linux运行级别为3和5，如果是3的话，系统就在多用户状态；如果是5的话，则运行X Window系统。不同的运行级别有不同的用处，我们可以根据不同情况来设置。

查看当前的运行级别可以使用runlevel命令。该命令的执行结果是两个数字，先后显示系统上一次和当前的运行级别。如果不存在上一次运行级别则用大写的N表示。从结果中可以看到当前系统的运行级别为5。

```
[root@localhost ~]# runlevel
N 5
[root@localhost ~]#
```

下面使用 init 命令从当前的运行级别 5 切换到运行级别 3。运行级别 5 就是读者熟悉的图形界面，在终端输入命令 init 3 后按 Enter 键，如图 5-1 所示。

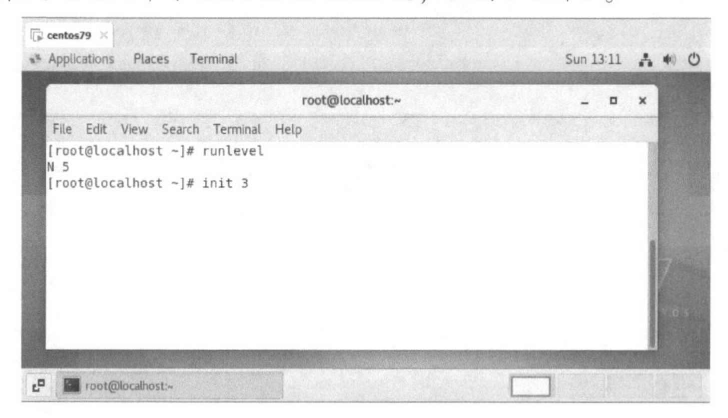

图 5-1 切换运行级别

之后会进入黑色的命令行界面，提示输入用户名和密码。此处输入的是 root 用户以及对应的密码。正确输入用户名和密码才会登录到 Linux 系统中，此时看到的就是没有图形界面的 Linux 系统，这就是运行级别 3 的界面，如图 5-2 所示。

```
CentOS Linux 7 (Core)
Kernel 3.10.0-1160.71.1.el7.x86_64 on an x86_64

localhost login: root
Password:
Last failed login: Sun Aug 14 13:12:29 CST 2022 on tty1
There were 2 failed login attempts since the last successful login.
Last login: Sun Aug 14 08:45:07 on :0
[root@localhost ~]# ls
anaconda-ks.cfg  dir1       Downloads            Music     Public     Videos
Desktop          Documents  initial-setup-ks.cfg  Pictures  Templates
[root@localhost ~]# init 5
```

图 5-2 运行级别 3 的界面

在运行级别 3 中执行 init 5 就可以切换回图形界面了。之后在终端输入 runlevel 命令，可以看到结果为 3 5，这表示之前的运行级别为 3，现在的运行级别为 5。

```
[root@localhost ~]# runlevel
3 5
[root@localhost ~]#
```

Chapter 6 保障文件系统的完整性

接触过 Linux 的读者一定听说过“在 Linux 中一切皆文件”这句话，由此可见管理文件系统的重要性。读者需要先意识到文件系统的重要性，然后再学习一些管理技能，以保障系统安全可靠。

6.1 Linux 文件系统基础

在 Linux 系统中的大部分文件属于普通文件，比如文本文件。除了普通文件还有一些特殊类型的文件，比如设备文件、链接文件和套接字等。虽然内核是 Linux 的核心，但是文件却是用户与操作系统交互的主要手段。文件系统中的文件是数据的集合，读者需要对文件系统的相关基础有所了解。

难度：★★

6.1.1 认识节点（inode）

Linux 文件系统有两层结构，分别是逻辑结构和物理结构，也就是 inode 和 block。每个文件都有一个 inode，记录文件属性（比如权限、时间和 block 号码）。block 是实际存放文件内容的地方。

inode 是 Linux 文件系统中的数据结构，描述了文件对象。当然，目录也有唯一的 inode。在查找文件时先找到 inode，然后通过 inode 找到 block，从而查看文件内容。

inode 包含的元信息

每个 inode 都存储了文件系统对象的属性和位置信息，包含的文件元信息如下。

- 文件的字节数。
- 文件分配的块数量。
- 块的字节数。
- 文件的类型。
- 文件所在的位置。
- inode 号码。
- 硬链接的数量。
- 文件的 UID 和 GID。
- 文件的访问权限。
- 文件的时间信息，比如最后一次访问文件的日期。

inode 中包含了不少信息。通过 inode 找文件就是顺藤摸瓜的事。

【实操】查看文件的 inode 信息

下面使用 stat 命令查看/etc/sudoers 文件的 inode 信息。从中可以看到文件的大小、文件类型和时间属性等基本信息，比如文件内容的最后修改时间可能指向了安全事件发生的时间。

```
[root@localhost ~]# stat /etc/sudoers        ← 显示文件的属性信息
  File: '/etc/sudoers'
  Size: 4328          Blocks: 16          IO Block: 4096   regular file
Device: 803h/2051d    Inode: 18095007     Links: 1
Access: (0440/-r--r-----)  Uid: (    0/    root)   Gid: (    0/    root)
Context: system_u:object_r:etc_t:s0
```

```
Access: 2022-09-11 16:16:18.040344103 +0800
Modify: 2020-09-30 21:18:59.000000000 +0800
Change: 2022-08-03 14:35:12.125867177 +0800
  Birth: -
[root@localhost ~]#
```

在排查安全问题时，根据 inode 提供的文件信息，往往可以成为一个重要的参考依据。

6.1.2 文件的权限

在 Linux 系统中每一个文件都有所属的用户和所属的组。在文件创建后会被赋予默认的权限，文件的所属用户、所属组中的用户以及其他用户可以根据各自的权限对文件进行操作。通过严格控制文件的权限，可以在很大程序上提高服务器的安全系数。

【实操】禁止其他人读取文件

使用 ls -l 命令可以看到文件的权限信息。如果我们不希望这个文件被其他用户（“除文件所属用户和所属组”之外的用户）读取，可以使用 chmod 命令移除该文件的相关权限。这里移除了其他用户对 cmd.txt 文件的读取权限。

```
[root@localhost ~]# ls -l cmd.txt
-rw-r--r--. 1 root root 780 Aug 16 17:01 cmd.txt
[root@localhost ~]# chmod o-r cmd.txt  ◄------ 移除其他人的可读权限
[root@localhost ~]# ls -l cmd.txt
-rw-r-----. 1 root root 780 Aug 16 17:01 cmd.txt
[root@localhost ~]#
```

6.1.3 可执行文件

普通用户修改密码会导致服务器上的/etc/shadow 文件内容改变，因此通常并不希望用户直接修改/etc/shadow 文件，这样会导致用户可以随意修改他人的密码。在 Linux 系统中出现了 SUID（Set UID）和 SGID（Set GID）可执行文件，两者功能类似。

普通用户运行 SUID 文件时，该进程的权限不是普通用户对应的权限，而是文件所属用户的权限。这里建议大家不要随意对可执行文件设置 SUID 和 SGID 状态，否则容易被恶意提升权限。

【实操】查看和查找 SUID 文件

如果一个文件的权限属性“rwsr-xr-x.”中有 s，就表示这个文件是一个 SUID 可执行文件。使用 find 命令可以在/目录下搜索所有的 SUID 文件。

```
[root@localhost ~]# ls -lh /bin/passwd
-rwsr-xr-x. 1 root root 28K Apr  1  2020 /bin/passwd
[root@localhost ~]# find / -perm -u=s -type f  ◄------ 搜索 SUID 文件
……以上省略……
```

```
/usr/bin/fusermount
/usr/bin/ksu
/usr/bin/chfn
/usr/bin/chsh
/usr/bin/passwd
/usr/bin/chage
/usr/bin/su
/usr/bin/gpasswd
/usr/bin/newgrp
/usr/bin/staprun
/usr/bin/umount
……以下省略……
[root@localhost ~]#
```

【实操】监测 SUID 和 SGID 文件的变化

SUID 和 SGID 可执行文件有可能会为系统带来安全隐患，为了避免在不知情的状况下新增了这种文件或者为可执行文件设置了 SUID 和 SGID 状态，用户可以使用 sxid 工具监测文件的变化。安装 sxid 后，sxid 对应的可执行文件在/usr/local/bin/sxid 中，它的配置文件是/etc/sxid.conf。

使用 crontab 可以设置定时任务，完成后可以使用/usr/local/bin/sxid -k 命令进行一次手动检查。

```
[root@localhost ~]# crontab -e -u root
0 4 * * * /usr/local/bin/sxid
[root@localhost ~]# /usr/local/bin/sxid -k
```

总之，SUID 和 SGID 这两种特殊的可执行文件是与系统安全密切相关的。为了系统的安全，不要随意将文件变成 SUID 和 SGID 状态。

6.2 管理文件系统的工具

为了系统安全，用户经常需要将系统中的一些关键文件设置为不可修改状态，或者将一些日志文件设置成只能追加状态。这里介绍一些 Linux 文件系统管理的常用工具，实现以上的需求。

难度：★★

恢复删除文件

服务器被入侵后，黑客经常会选择删除一些关键日志文件试图隐藏其入侵的过程。如果可以恢复这些日志文件，将有助于分析黑客的入侵手段，从而可以有针对性地去预防，也可以对系统中遗留的恶意文件和进程进行清理。在系统管理员误删了系统文件后，也需要恢复原始文件，避免数据丢失。

Linux 中提供 extundelete 命令从分区中恢复被删除的文件。

【实操】使用 extundelete 恢复单个文件

这里以分区/dev/sdb1、挂载点/data 为例，恢复被删除的文件。将/data 中的文件删除后，执行 umount /data 将分区卸载。这样是为了避免已删除文件的数据存储位置被覆写后无法继续恢复。然后再使用 extundelete 命令查看能恢复的文件。

```
[root@localhost ~]# extundelete /dev/sdb1 --inode 2
NOTICE: Extended attributes are not restored.
Loading filesystem metadata ... 32 groups loaded.
Group: 0
Contents of inode 2:
0000 | ed 41 00 00 00 10 00 00 73 4d 48 63 76 4d 48 63 | .A......sMHcvMHc
……中间省略……
Low 16 bits of Group Id: 0
Links count: 3
Blocks count: 8
File flags: 524288
File version (for NFS): 0
File ACL: 0
Directory ACL: 0
Fragment address: 0
Direct blocks: 127754, 4, 0, 0, 1, 8737, 0, 0, 0, 0, 0, 0
Indirect block: 0
Double indirect block: 0
Triple indirect block: 0

File name                                  | Inode number | Deleted status
.                                            2
..                                           2
lost+found                                   11
dirl                                         131073
f2.txt                                       12            Deleted      ←被删除的文件
[root@localhost ~]# extundelete /dev/sdb1 --restore-file f2.txt
```

从结果中可以看到 f2.txt 文件已经被删除，然后再使用 extundelete 指定--restore-file 恢复被删除的文件。恢复成功后可以在当前目录下生成一个名为 RECOVERED_ FILES 的目录，恢复的文件就在其中。

如果用户想恢复被删除的目录，可以将--restore-file 换成--restore-directory。如果是想恢复分区中的所有文件，可以指定--restore-all。

6.3 处理敏感文件

既然有恢复文件的方法，当然也有删除文件的方法。有时候用户需要删除一些敏感文件，以保证系统的安全性。这里使用一些安全的方式处理敏感文件。

难度：★★

6.3.1 安全地删除敏感文件

在 Linux 系统中可以使用 srm 安全地删除敏感文件。与 rm 的直接删除文件不同，srm 在删除文件之前会覆写文件内容，这样就达到了无法恢复原始文件的目的。用户可以使用 yum 直接安装 srm。

【实操】使用 srm 删除文件

下面使用 srm 删除/root 目录下的 file2 文件。

```
[root@localhost ~]# ll file2
-rw-r--r--. 1 root root 34 Aug 16 17:47 file2
[root@localhost ~]# srm file2   ←安全地删除文件
[root@localhost ~]# ll file2
ls: cannot access file2: No such file or directory
[root@localhost ~]#
```

rm 是直接将文件删除，这样还有被恢复的可能。而 srm 在删除文件之前会覆写文件内容，这样即使文件被恢复也不可能看到文件中的内容，保证了系统的安全性。

6.3.2 覆写分区空间

如果用户希望在分区中的所有已经删除的文件都无法恢复，那么可以使用 dd 来覆写分区上的多余空间。下面进行实操练习。

【实操】使用 dd 覆写分区空间

这里覆写/dev/sdb1 分区中的所有剩余空间，挂载点为/mnt/test。

```
[root@localhost ~]# df -m
Filesystem     1M-blocks  Used Available Use% Mounted on
devtmpfs             895     0       895   0% /dev
……中间省略……
/dev/sda3          17394  6192     11203  36% /
/dev/sda1           1014   183       832  18% /boot
tmpfs                182     1       182   1% /run/user/0
/dev/sr0            4527  4527         0 100% /run/media/root/CentOS 7 x86_64
```

```
/dev/sdb1          3904    16      3667  1% /mnt/test
[root@localhost ~]# dd if=/dev/random of=/mnt/test/t bs=1M count=3667
dd: warning: partial read (115 bytes); suggest iflag=fullblock
0+3667 records in
0+3667 records out
271647 bytes (272 kB) copied, 34.0264 s, 8.0 kB/s
[root@localhost ~]#
```

这样每次读取 1MB 的/dev/random 写入/mnt/test/t 文件中，一共读取 3667 次。3667 是分区的剩余空间，单位是 MB。

6.4 Linux 磁盘的分区机制

磁盘是计算机重要的一个部件，计算机中的数据保存在磁盘中。在使用磁盘存储数据之前需要先为其进行分区，然后将分区挂载到文件系统指定的目录。Linux 中每个分区都是用来组成整个文件系统的一部分。

难度：★★

6.4.1 分区与挂载

在 Linux 系统中无论有几个分区，或者是将分区分为某个目录使用，归根到底只有一个根目录。因此，对于系统管理员来说，磁盘的管理相对比较复杂，是保证安全非常重要的一个部分。

【实操】磁盘分区与挂载

Linux 系统采用了挂载机制将文件系统与磁盘联系起来，如图 6-1 所示。

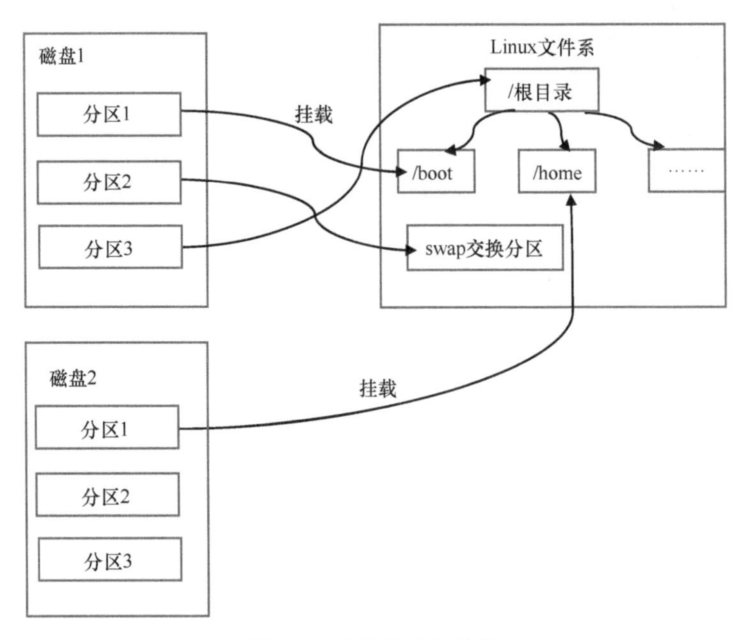

图 6-1 磁盘分区与挂载

在磁盘 1 中，将分区 1 挂载到了/boot 目录，将分区 2 挂载到了 swap 交换分区，将分区 3 挂载到了/根目录。在磁盘 2 中，将分区 1 挂载到了/home 目录。

【实操】查看磁盘分区的挂载情况

不指定任何选项，直接使用 lsblk 命令可以看到 sda 和 sdb 磁盘使用的基本情况。比如 sda 下有三个分区，sda1 分区挂载到了/boot 下，sda2 分区挂载到了 swap 中，sda3 分区挂载到了/根目录下。

```
[root@localhost ~]# lsblk
NAME   MAJ:MIN RM  SIZE RO TYPE MOUNTPOINT
sda      8:0    0   20G  0 disk
├──sda1  8:1    0    1G  0 part /boot
├──sda2  8:2    0    2G  0 part [SWAP]
└──sda3  8:3    0   17G  0 part /
sdb      8:16   0   15G  0 disk
├──sdb1  8:17   0    4G  0 part /mnt/test
├──sdb2  8:18   0    3G  0 part
├──sdb3  8:19   0    1K  0 part
├──sdb5  8:21   0    3G  0 part
└──sdb6  8:22   0    3G  0 part
sr0     11:0    1  4.4G  0 rom  /run/media/root/CentOS 7 x86_64
[root@localhost ~]#
```

6.4.2 看清磁盘整体情况

Linux 磁盘管理的好坏直接关系到整个系统的性能。一般在对磁盘进行分区之前，用户需要使用一些命令了解磁盘的整体使用情况。之后才会使用分区命令对磁盘进行分区，然后将分区挂载到文件系统中进行使用。

【实操】显示磁盘的使用情况

默认格式显示的磁盘使用情况不易理解，这里指定-h 选项以易读的格式显示文件系统的信息。文件系统的大小以 MB、GB 为单位显示。

```
[root@localhost ~]# df -h  ←-----显示磁盘情况
Filesystem      Size  Used Avail Use% Mounted on
devtmpfs        895M     0  895M   0% /dev
tmpfs           910M     0  910M   0% /dev/shm
tmpfs           910M   11M  900M   2% /run
tmpfs           910M     0  910M   0% /sys/fs/cgroup
/dev/sda3        17G  6.1G   11G  36% /
/dev/sda1      1014M  183M  832M  18% /boot
tmpfs           182M   40K  182M   1% /run/user/0
/dev/sr0        4.5G  4.5G     0 100% /run/media/root/CentOS 7 x86_64
/dev/sdb1       3.9G   17M  3.6G   1% /mnt/test
[root@localhost ~]#
```

【实操】统计/boot 的磁盘空间

使用 du 命令可以统计目录或文件所占磁盘空间的大小。下面指定/boot 统计该目录下的磁盘使用情况，使用-h 选项可以更清楚地看到统计的容量大小。

```
[root@localhost /]# du -h /boot    ←----查看/boot 使用情况
0          /boot/efi/EFI/centos/fw
6.0M       /boot/efi/EFI/centos
1.9M       /boot/efi/EFI/BOOT
7.9M       /boot/efi/EFI
7.9M       /boot/efi
2.4M       /boot/grub2/i386-pc
3.2M       /boot/grub2/locale
2.5M       /boot/grub2/fonts
8.0M       /boot/grub2
4.0K       /boot/grub
150M       /boot
[root@localhost /]#
```

如果用户发现使用 du 和 df 命令统计磁盘空间的使用情况时，得到的数据不一致，这是因为 df 命令是从文件系统的角度考虑的，通过文件系统中未分配的空间来确定文件系统中已经分配的空间大小。而 du 命令是面向文件的，只会计算文件或目录占用的磁盘空间。

6.4.3 分区关系

通常情况下，用户的磁盘采用 MBR 分区，但是 MBR 磁盘最大仅能支持 2T 的空间。在输入 n 开始创建分区时，除了创建主分区，还可以创建扩展分区和逻辑分区。先有扩展分区，然后在扩展分区的基础上再创建逻辑分区。也就是说如果用户要使用逻辑分区，必须先要创建扩展分区。扩展分区的空间是不能被直接使用的，必须在扩展分区的基础上建立逻辑分区才能够被使用。

分区之间的关系

主分区、扩展分区和逻辑分区的关系如图 6-2 所示。在创建分区时，一块磁盘最多只能创建 4 个主分区。一个扩展分区会占用一个主分区的位置，而逻辑分区是基于扩展分区创建出来的。

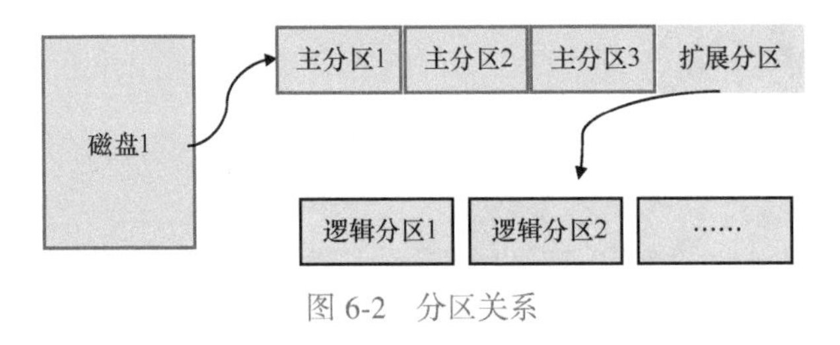

图 6-2 分区关系

6.5 【实战案例】 文件加锁

如前所述，在 Linux 系统中一切皆文件，很多资源是可共享的。在多用户的环境中，共享同一个文件是常有的事情。在这种情况下，Linux 通常会给文件上锁，避免共享资源产生竞争。

难度：★★

对关键文件加锁

为了系统安全，用户经常需要将系统中的一些关键文件设置为不可修改或者将日志文件设置为只能追加。在 Linux 系统中提供了 chattr 命令帮助用户实现对关键文件加锁的操作。

锁定文件的编辑权限

如果不希望任何人对本地 DNS 服务器进行设置，可以使用 chattr 命令锁定/etc/resolv.conf 文件的编辑权限。+i 表示不得任意更改文件或目录，这样可以防止关键文件被修改。使用 lsattr 命令可以看到输出结果中带有 i，这就表示该文件已经无法编辑了。

```
[root@localhost ~]# chattr +i /etc/resolv.conf
[root@localhost ~]# lsattr /etc/resolv.conf
----i----------- /etc/resolv.conf   ← 锁定了编辑权限
[root@localhost ~]#
```

此时如果使用 vim 编辑器编辑此文件，会提示信息 Warning：Changing a readonly file，表示该文件只读。

解锁文件

如果想解锁文件，可以将+i 改成-i，也就是移除 i 带来的限制要求。此时就可以使用 vim 编辑器编加该文件内容。

```
[root@localhost ~]# lsattr /etc/resolv.conf
----i----------- /etc/resolv.conf
[root@localhost ~]# chattr -i /etc/resolv.conf
[root@localhost ~]# lsattr /etc/resolv.conf
---------------- /etc/resolv.conf
[root@localhost ~]#
```

设置文件只能追加写入

如果想让某个文件具有追加写入的功能，可以使用+a。这里设置的是用户 userA 家目录（/home）中的文件，这样 data.txt 就只能追加写入数据，而不能清空。

```
[root@localhost ~]# chattr +a /home/userA/data.txt
[root@localhost ~]# lsattr /home/userA/data.txt
-----a---------- /home/userA/data.txt   ← 只能追加写入数据
[root@localhost ~]#
```

对关键文件加锁，可以有效地避免文件被无意或恶意修改与删除。通过对文件设置只能追加写入，可以提高对用户操作的审计能力。

由内核执行的锁是强制性锁，当一个文件被上锁进行写入操作的时候，内核将阻止其他任何文件对其进行读写操作。采用强制性锁对性能的影响很大，每次读写操作都必须检查是否有锁存在。

6.6 【专家有话说】 SELinux 介绍

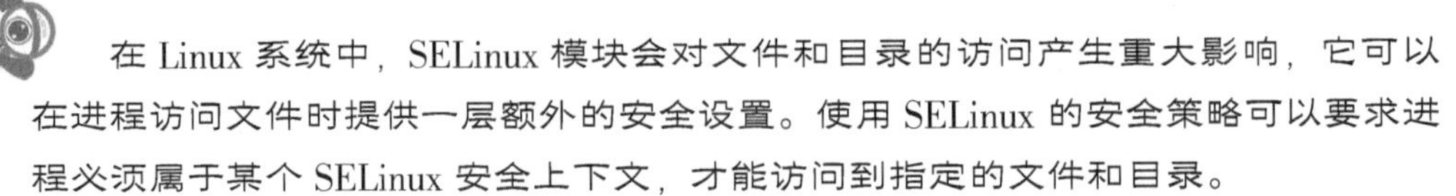

在 Linux 系统中，SELinux 模块会对文件和目录的访问产生重大影响，它可以在进程访问文件时提供一层额外的安全设置。使用 SELinux 的安全策略可以要求进程必须属于某个 SELinux 安全上下文，才能访问到指定的文件和目录。

难度：★★

SELinux 的机制

SELinux（Security-Enhanced Linux，安全增强型 Linux）是一个 Linux 内核模块，也是 Linux 的一个安全子系统。它可以最大限度地减小系统中服务进程可访问的资源（最小权限原则）。SELinux 可以把权限管控做得更加细致。对于访问文件，SELinux 会给系统中的每个文件一个安全上下文（CONTEXT），同时给每个程序一个安全上下文。若此程序的安全上下文与文件的安全上下文不匹配，则文件不能被系统访问；若匹配，则可以访问。而文件的安全上下文，与此文件所在的目录有关。

SELinux 的三种模式

SELinux 提供了 Disabled、Permissive 和 Enforcing 三种工作模式，每种模式都为 Linux 系统安全提供了不同的功能，具体如表 6-1 所示。

表 6-1 SELinux 的三种模式

模　式	说　明
Disabled	关闭模式。在 Disabled 模式中，SELinux 被关闭，默认的 DAC 访问控制方式被使用。对于那些不需要增强安全性的环境来说，该模式是非常实用的
Permissive	许可模式。在 Permissive 模式中，SELinux 被启用，但安全策略规则并没有被强制执行。当安全策略规则应该拒绝访问时，访问仍然被允许。然而，此时会向日志文件发送一条消息，表示该访问应该被拒绝
Enforcing	强制模式。在 Enforcing 模式中，SELinux 被启动，并强制执行所有的安全策略规则

【实操】SELinux 模式切换

从许可模式和强制模式切换到关闭模式时，需要修改配置文件/etc/sysconfig/selinux，然后关机重启。同样，从关闭模式切换成另外两种，也必须修改配置文件并重启系统。许可模式和强制模式的相互切换，可以使用 setenforce 来完成。

```
[root@localhost ~]# getenforce        ←---- 查看 SELinux 模式
Enforcing
[root@localhost ~]# setenforce 0      ←---- 切换到许可模式
[root@localhost ~]# getenforce
Permissive
```

```
[root@localhost ~]# setenforce 1    ←----切换到强制模式
[root@localhost ~]# getenforce
Enforcing
[root@localhost ~]#
```

本章主要介绍了 Linux 系统中的文件系统，Linux 文件系统管理是保障系统安全的重要方面。本章对节点和文件权限进行了阐述，特别是对可执行文件进行了重点讲解。通过恢复删除文件的操作，可以让用户在日后避免重要文件的误删除。对于一些需要删除的敏感文件，这里也进行了相关介绍。对于磁盘分区，则详细介绍了分区与挂载的关系、分区和分区之间的关系以及查看磁盘情况的方式。

知识拓展——为虚拟机添加硬盘

用户在最开始安装 CentOS 时，系统默认添加了一块硬盘，现在重新为 CentOS 添加一块硬盘。这里以虚拟机 centos79 为例，在 VMware 界面的左侧选择 centos79 虚拟机并单击鼠标右键，之后在弹出的快捷菜单中选择“设置”命令，在打开的“虚拟机设置”对话框的“硬件”选项卡中单击界面下方的“添加”按钮，启动“添加硬件向导”对话框。在该对话框的“硬件类型”界面的列表中选择“硬盘”选项，单击“下一步”按钮，如图 6-3所示。在“选择磁盘类型”界面中选择推荐设置，此处为 SCSI，然后单击“下一步”按钮，如图 6-4 所示。

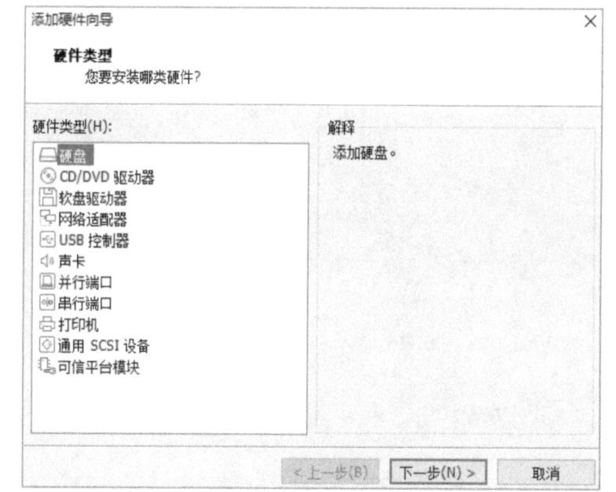

图 6-3　添加硬盘

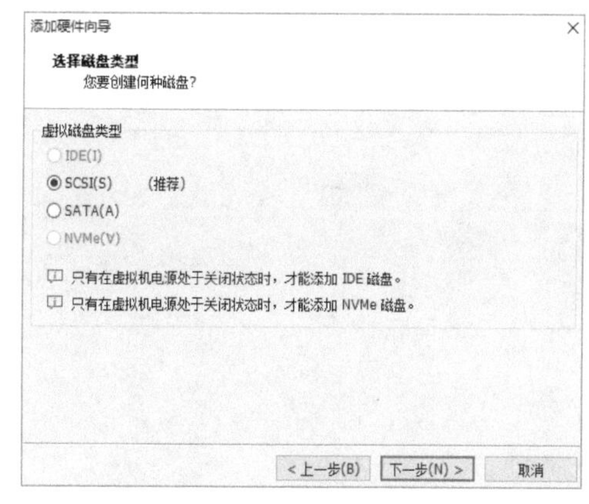

图 6-4　选择磁盘类型

在“选择磁盘”界面保持默认选项“创建新虚拟磁盘”，单击“下一步”按钮，如图 6-5 所示。在“指定磁盘容量”界面中指定大小为 15GB，当然用户也可以自定义其他大小，如图 6-6 所示。

之后在“指定磁盘文件”界面保持默认设置，单击“完成”按钮，即可完成硬盘的添加操作。此时会自动回到虚拟机的硬件设置界面，可以看到除了之前 20GB 大小的硬盘之外，还有一块新添加的 15GB 大小的硬盘。此时在“虚拟机设置”对话框中单击“确定”按钮。在添加完硬盘之后，还需要重启虚拟机才能使设置生效。重启之后，使用 lsblk 命令可以看到此时除了原有的 sda 硬盘还有 sdb 硬盘。

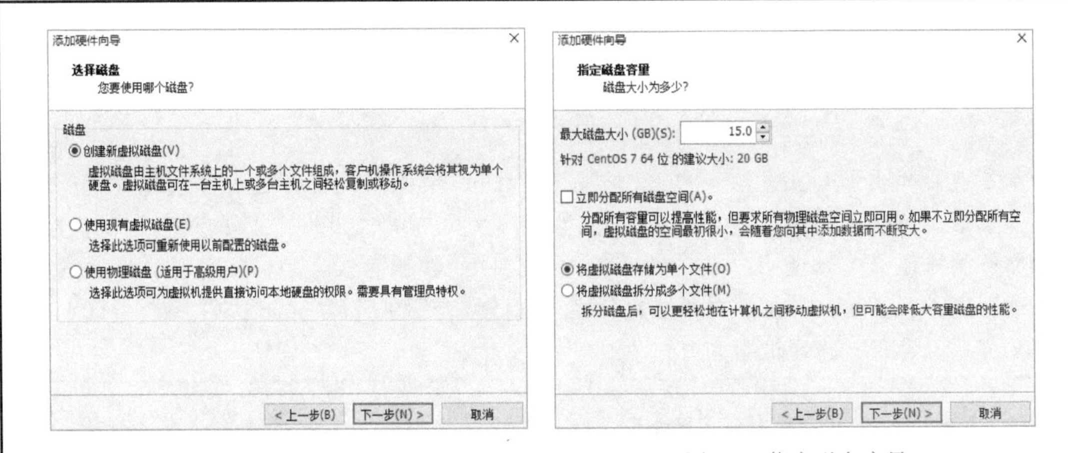

图 6-5　选择磁盘　　　　图 6-6　指定磁盘容量

Chapter 7 “养护”软件包

Linux之所以可以在服务器领域大规模部署，除了其开源的特点之外，还有一个重要原因是提供了丰富的软件环境。经常可以看到一台服务器上安装了成百上千个软件包，用户需要对这些软件包进行安全管理，从而避免安全隐患。

7.1 Linux 软件包

对于 Windows 系统中的软件大家是非常熟悉的，在 Linux 系统中软件的安装、卸载等与 Windows 中的操作差异很大。Linux 系统中使用软件包管理器管理软件的查询、安装、卸载和升级等，不同的包管理器对应不同的命令。

难度：★

7.1.1 软件包分类

软件包是包含软件程序和其他必需组件的文件。在 Linux 系统中软件的管理要比 Windows 中复杂一些。软件包中包含了一系列文件，除此之外还有元数据（比如软件包的发布信息等）和依赖关系。有时候一个软件会依赖另一个软件才能安装成功。

源码包和二进制包

Linux 系统中软件包可以分为源码包和二进制包，相关介绍如表 7-1 所示。

表 7-1 软件包分类

软 件 包	说 明
源码包	源码包是由程序员按照特定的格式和语法编写出来的。由于源码包的安装需要把源代码编译为二进制代码，因此安装时间较长。而且大多数用户并不熟悉程序语言，在安装过程中如果出现错误，初学者很难解决。为了解决使用源码包安装方式的这些问题，Linux 软件包的安装出现了使用二进制包的安装方式
二进制包	二进制包是源码包经过成功编译之后产生的包。由于二进制包在发布之前就已经完成了编译的工作，因此用户安装软件的速度较快（与在 Windows 下安装软件速度基本相当），并且安装过程报错概率大大减小

由于 Linux 和 Windows 是完全不同的操作系统，因此软件包管理也是截然不同的。

7.1.2 两大主流的包管理器

二进制包是 Linux 下默认的软件安装包，因此其又被称为默认安装软件包。目前主要有包管理器和包管理器两大主流的二进制包管理器。这两种包管理器的原理、形式大同小异。

Linux 系统中的源码包一般包含多个文件，为了方便发布，通常会将其进行打包和压缩。

将软件包含的所有源代码先打包再压缩就会变成 Tarball 文件。Tarball 是以 tar 命令完成打包与压缩的一种工具。

两种软件包的优缺点

源码包需要用户自己去软件的官方网站进行下载，包中通常包含源代码文件、配置和检测程序和软件安装说明等。总体来说，源码包和 rpm 二进制包的优缺点如表 7-2 所示。

表 7-2 两种软件包的优缺点

软件包	优点	缺点
源码包	• 开源：如果用户有足够的能力，可以修改源代码。 • 可以自由选择需要的功能。 • 由于软件是编译安装的，所以更适合自己的系统，也更加稳定和高效。 • 卸载方便	• 安装过程步骤较多，尤其是安装较大软件时容易出现拼写错误。 • 编译时间较长，所以安装时间比二进制要久。 • 由于软件是编译安装，所以在安装过程中一旦报错，新手很难解决
rpm 二进制包	• 使用 rpm 包管理器简单，只需要通过几个简单的命令就可以实现软件的安装、升级、查询和卸载。 • 安装速度比源码包快	• 经过编译之后，无法看到源代码。 • 功能选择不如源码包灵活。 • 会出现软件依赖性

7.2 使用 rpm 管理软件

rpm 最初用于红帽 Linux 系统中，后来被移植到其他操作系统中。现在 rpm 已经成为一种在 Linux 环境中常见的包管理器。在管理软件包时，用户要避免有安全风险的软件包被安装在服务器中，也要避免多余的软件带来的风险。

难度：★★

7.2.1 安装和升级软件

在 Linux 系统中 rpm 会查询软件是否具有依赖属性，如果能满足依赖属性，就会安装该软件。安装软件的时候也会将软件的相关信息写入数据库中，这样方便后续的软件进行查询和升级等操作。

rpm 命令用于管理软件，比如安装、查询和卸载软件。

rpm 原本是 Red Hat Linux 发行版专门用来管理 Linux 各项套件的程序，由于它遵循 GPL 规则且功能强大方便，因而广受欢迎，逐渐被其他发行版所采用。

rpm 包管理器的出现使得 Linux 易于安装和升级，间接提升了 Linux 的适用度。

【实操】使用 rpm 安装二进制包

下面使用 rpm 命令安装 nginx 二进制包。先通过 wget 指定网络路径下载 nginx 的签名密钥，然后再指定 nginx 的下载路径下载 nginx 二进制包。使用 rpm --import 导入 nginx 的公钥文件 nginx_signing.key，指定--checksig 可以验证 rpm 包的完整性。最后使用 rpm -ivh 安装 nginx 软件。

```
[root@localhost ~]# wget http://nginx.org/keys/nginx_signing.key  ◄------ 下载签名密钥
……省略……
Length: 1561 (1.5K) [application/octet-stream]
Saving to: 'nginx_signing.key'
100%[=====================================================>] 1,561    --.-K/s  in
0s  ◄------ 下载 nginx 二进制包
……省略……
[root@localhost ~]# wget http://nginx.org/packages/centos/7/x86_64/RPMS/nginx-1.14.0-1.el7_
4.ngx.x86_64.rpm
……省略……
Length: 767540 (750K) [application/x-redhat-package-manager]
Saving to: 'nginx-1.14.0-1.el7_4.ngx.x86_64.rpm'
100%[=====================================================>] 767,540  423KB/s  in
1.8s
……省略……
[root@localhost ~]# rpm --import nginx_signing.key  ◄------ 导入公钥
[root @ localhost ~ ] # rpm --checksig nginx-1. 14. 0-1. el7 _ 4. ngx. x86 _ 64. rpm
◄------ 验证包的完整性
nginx-1.14.0-1.el7_4.ngx.x86_64.rpm: rsa sha1 (md5) pgp md5 OK
[root@localhost ~]# rpm -ivh nginx-1.14.0-1.el7_4.ngx.x86_64.rpm  ◄------ 安装
Preparing...                          ################################# [100%]
Updating / installing...
1:nginx-1:1.14.0-1.el7_4.ngx          ################################# [100%]
----------------------------------------------------------------------
Thanks for using nginx!
……省略……
[root@localhost ~]# rpm -q nginx
nginx-1.14.0-1.el7_4.ngx.x86_64  ◄------ 已安装的软件
[root@localhost ~]#
```

> 在 Linux 系统中使用 rpm 下载和安装软件时，需要从安全的地址进行下载，一般从该软件包开发者的官方网站下载。

【实操】使用 rpm 升级软件包

使用 rpm 升级软件包也比较简单，直接使用-Uvh 选项即可升级软件包。首先使用 wget 获取一个版本更高的 nginx，然后再进行升级操作。

```
[root@localhost ~]# wget http://nginx.org/packages/centos/7/x86_64/RPMS/nginx-1.20.1-1.el7.
ngx.x86_64.rpm
……省略……
HTTP request sent, awaiting response... 200 OK
Length: 808876 (790K) [application/x-redhat-package-manager]
```

```
Saving to: 'nginx-1.20.1-1.el7.ngx.x86_64.rpm'
100%[=================================================>] 808,876  454KB/s in
1.7s
……省略……
[root@localhost ~]# rpm -Uvh nginx-1.20.1-1.el7.ngx.x86_64.rpm
Preparing...                    ################################# [100%]
Updating / installing...  ←-----升级新版本
1:nginx-1:1.20.1-1.el7.ngx      ################################# [ 50%]
Cleaning up / removing...  ←-----移除旧版本
2:nginx-1:1.14.0-1.el7_4.ngx    ################################# [100%]
[root@localhost ~]#
```

7.2.2 移除软件

在系统安装完成或者运行一段时间后，由于各种原因，可能会导致系统上已经安装的软件越来越多，那么就有必要移除一些多余的软件。主要在于这些软件除了额外占用系统空间之外，还可能会导致安全风险。在移除软件时，有些可以直接移除，而有些会存在软件依赖关系，无法直接移除。

【实操】使用 rpm 移除软件包

如果使用 rpm 命令移除软件包时指定-e 选项，则移除时不需要指定软件包的全部名称。

```
[root@localhost ~]# rpm -e nginx  ←-----移除软件包
[root@localhost ~]# rpm -q nginx
package nginx is not installed  ←-----提示软件包没有被安装
[root@localhost ~]#
```

如果被移除的软件包存在依赖关系，系统会提示依赖错误。如果遇到这种情况应该先找到所有依赖于该软件的软件包，在确认不需要的情况下，移除这些依赖的软件包，然后再移除目标软件包。

7.2.3 获取软件包信息

在实际工作中，常常会接触到来自不同源的rpm，熟练地获取软件的相关信息有助于用户理解其功能、工作原理，同时也可以帮助用户判断是否有潜在的安全威胁。获取软件包信息的方式有很多种，这里将会介绍主要的方式。

【实操】列出系统中已安装的 rpm 包

有时候用户需要列出系统中已安装的所有 rpm 包，以便对比不同服务器上安装的软件包是否一致。

```
[root@localhost ~]# rpm -qa  ←-----列出所有软件包
libglvnd-gles-1.0.1-0.8.git5baa1e5.el7.x86_64
mozjs17-17.0.0-20.el7.x86_64
```

```
pygtk2-2.24.0-9.el7.x86_64
cyrus-sasl-md5-2.1.26-24.el7_9.x86_64
pm-utils-1.4.1-27.el7.x86_64
……省略……
gupnp-av-0.12.10-1.el7.x86_64
libqmi-1.18.0-2.el7.x86_64
libunistring-0.9.3-9.el7.x86_64
[root@localhost ~]#
```

【实操】查询软件包的详细信息

如果用户想进一步了解某一个软件信息，可以使用 rpm -qi 命令进行查询。结果会列出关于此软件包非常详细的说明，包括版本号、软件大小和安装时间等。

```
[root@localhost ~]# rpm -qi libgusb
Name          : libgusb ←------ 软件包名称
Version       : 0.2.9 ←------ 版本号
Release       : 1.el7 ←------ 发布号
Architecture: x86_64 ←------ 适用的架构
Install Date: Wed 03 Aug 2022 02:33:24 PM CST ←------ 安装日期
Group         : Unspecified ←------ 所属软件包组名
Size          : 107410 ←------ 软件包大小
License       : LGPLv2+ ←------ 适用许可证
Signature     : RSA/SHA256, Fri 11 Aug 2017 01:15:32 AM CST, Key ID 24c6a8a7f4a80eb5
 ↑------ 签名算法、日期和使用的密钥 ID
Source RPM    : libgusb-0.2.9-1.el7.src.rpm ←------ 来自源码 rpm 包名称
Build Date    : Sun 06 Aug 2017 12:20:38 PM CST ←------ 构建日期
Build Host    : c1bm.rdu2.centos.org ←------ 构建所在主机
Relocations   : (not relocatable) ←------ 是否可以安装到其他指定目录,这里是不可以
Packager      : CentOS BuildSystem <http://bugs.centos.org> ←------ 打包者
Vendor        : CentOS ←------ 厂商
URL           : https://gitorious.org/gusb/ ←------ 网站链接
Summary       : GLib wrapper around libusb1 ←------ 简述
Description : ←------ 软件包的描述信息
GUsb is a GObject wrapper for libusb1 that makes it easy to do
asynchronous control, bulk and interrupt transfers with proper
cancellation and integration into a mainloop.
[root@localhost ~]#
```

【实操】查询包含指定文件的软件包

如果用户想查询某个系统文件是由哪个软件包提供的，可以使用 rpm -q -whatprovides 命

令。比如/bin/cat 文件是由 coreutils 软件提供的，/bin/bash 文件是由 bash 提供的。

```
[root@localhost ~]# rpm -q --whatprovides /bin/cat
coreutils-8.22-24.el7_9.2.x86_64   ←  /bin/cat 文件的提供者
[root@localhost ~]# rpm -q --whatprovides /bin/bash
bash-4.2.46-35.el7_9.x86_64   ←  /bin/bash 文件的提供者
[root@localhost ~]#
```

【实操】列出软件包中的所有文件

如果用户想了解某个软件包在服务器上到底安装了哪些文件，可以使用 rpm -ql 命令进行查询，结果会列出该软件包包含的所有文件。

```
[root@localhost ~]# rpm -ql kernel-tools   ←  列出包含的所有文件
/etc/sysconfig/cpupower
/usr/bin/centrino-decode
/usr/bin/cpupower
……省略……
/usr/share/man/man1/cpupower.1.gz
/usr/share/man/man8/turbostat.8.gz
/usr/share/man/man8/x86_energy_perf_policy.8.gz
[root@localhost ~]#
```

【实操】列出软件包中的配置文件

在软件安装后，用户想要知道软件的配置文件具体有哪些。这时可以使用 rpm -qc 命令进行查询，结果会列出该软件所有的配置文件。

```
[root@localhost ~]# rpm -qc kernel-tools
/etc/sysconfig/cpupower   ←  kernel-tools 软件的配置文件
[root@localhost ~]# rpm -qc httpd   ←  列出 httpd 软件的配置文件
/etc/httpd/conf.d/autoindex.conf
/etc/httpd/conf.d/userdir.conf
/etc/httpd/conf.d/welcome.conf
……省略……
/etc/httpd/conf/httpd.conf
/etc/httpd/conf/magic
/etc/logrotate.d/httpd
/etc/sysconfig/htcacheclean
/etc/sysconfig/httpd
[root@localhost ~]#
```

【实操】解压软件包内容到当前目录

在安装 rpm 软件包之前，用户可以使用 rpm2cpio 和 cpio 命令将软件包解压到指定目录中，便于检查文件。这里先进入/opt/ RPM 目录中，然后将软件解压到当前目录中。使用 tree 命令可以查看目录结构。

```
[root@localhost ~]# cd /opt/ RPM
[root@ localhost RPM] # rpm2cpio /opt/nginx-1. 20. 1-1. el7. ngx. x86 _ 64. rpm | cpio -div
←-----解压软件包内容
./etc/logrotate.d/nginx
./etc/nginx
……省略……
./var/cache/nginx
./var/log/nginx
5648 blocks
[root@localhost RPM]# tree -d /opt/RPM ←-----查看/opt/RPM 目录的结构
/opt/RPM
├── etc
│   ├── logrotate.d
│   └── nginx
│       ├── conf.d
│       └── modules -> ../../usr/lib64/nginx/modules
……省略……
    └── log
        └── nginx

29 directories
[root@localhost RPM]#
```

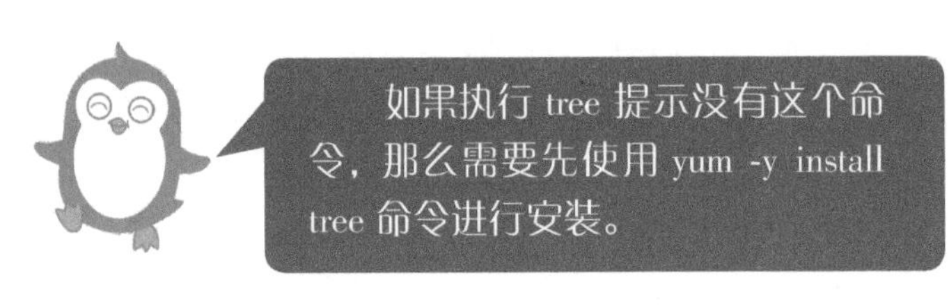

【实操】检查文件的完整性

如果发生入侵事件，黑客可能会采取替换关键系统命令的方式试图实现对被入侵服务器的长期控制和隐藏目的。这时用户可以借助 rpm 数据库中记录的关键系统命令文件属性与服务器上实际存在的文件属性对比，判断文件是否被替换。

这里先检查 rpm 数据库中记录的/bin/netstat 文件属性，然后检查实际存在的/bin/netstat 文件属性。最后进行对比，如果完全一致，则没有被替换，否则文件有可能被替换。

```
[root@localhost ~]# rpm -q --whatprovides /bin/netstat
net-tools-2.0-0.25.20131004git.el7.x86_64
[root@localhost ~]# rpm -ql net-tools --dump
/bin/netstat 155008 ←-----文件大小 1565313025 b40b81c533af4bd6b81ba6943409a9366dbcb4905b52-
1de60d19eb0d1c3f6ea1 0100755 root root 0 0 0 X
/sbin/arp 65512 1565313025 3bdadce7c9b063f6d14ab7d51b523c626fcae049991f6bd466709a8aacbba954
0100755 root root 0 0 0 X

[root@localhost ~]# stat /bin/netstat
  File: '/bin/netstat'
```

```
  Size: 155008          Blocks: 304        IO Block: 4096   regular file
Device: 803h/2051dInode: 51965581    Links: 1
Access: (0755/-rwxr-xr-x)  Uid: (   0/   root)   Gid: (   0/   root)
Context: system_u:object_r:bin_t:s0
Access: 2022-08-30 22:41:02.559547251 +0800
Modify: 2019-08-09 09:10:25.000000000 +0800
Change: 2022-08-03 14:35:10.593873154 +0800
Birth: -
[root@localhost ~]# sha256sum /bin/netstat
b40b81c533af4bd6b81ba6943409a9366dbcb4905b521de60d19eb0d1c3f6ea1  /bin/netstat
[root@localhost ~]#
```

文件大小

文件权限、所属用户和组

文件修改时间

获取文件的 sha256 散列值

执行 rpm -ql net-tools -dump 命令后输出的是文件的属性信息，这里以第一组字段为例，解释其含义，如表 7-3 所示。

表 7-3　输出的字段含义

字　段	说　明
/bin/netstat	表示文件名
155008	表示文件大小，单位字节
1565313025	表示文件最后的修改时间，计算了从 1970 年 1 月 1 日以来多少秒后被修改的，可以使用 date 命令转换成日期时间
b40b8…6ea1	表示 rpm 数据库中记录的该文件的 sha256 散列值
0100755	表示/bin/netstat 文件的权限
root root	第一个 root 表示文件的所属用户，第二个 root 表示文件所属用户组
0 0 0	第一个 0 表示该文件不是一个配置文件；第二个 0 表示该文件不是一个文档文件；第三个 0 表示该文件的主号和从号，设备文件会设置该值，其余情况为 0
X	表示该文件不是一个符号链接文件，否则会包含一个指向被链接文件的路径

我们可以对比文件的大小、权限、所属用户和组、sha256散列值等信息。如果这些信息一致，说明文件没有被替换。

7.3　使用 yum 管理软件

yum 是一个专门为了解决包的依赖关系而存在的软件包管理器，它使用 yum 命令管理 Linux 软件。yum 是改进版的 rpm 包管理器，它很好地解决了 rpm 面临的软件包依赖问题，可以一次性安装所有依赖的软件包。

难度：★★

实用的 yum 工具

在使用 rpm 工具安装软件时需要先将软件包下载到本地，才能进行安装。如果软件有依赖关系，还需要先安装依赖软件。为了自动解决 rpm 包的依赖文件，用户可以使用 yum 工具。

yum 工作示意图

在网络中的 yum 服务器中提供了很多 rpm 软件，如果想在本地 Linux 系统中获取、查看 rpm 软件，可以在命令行输入指定的命令，此时系统会去 yum 服务器中查询，如果有指定要查询的软件，就会返回相应的信息。yum 工作示意图如图 7-1 所示。

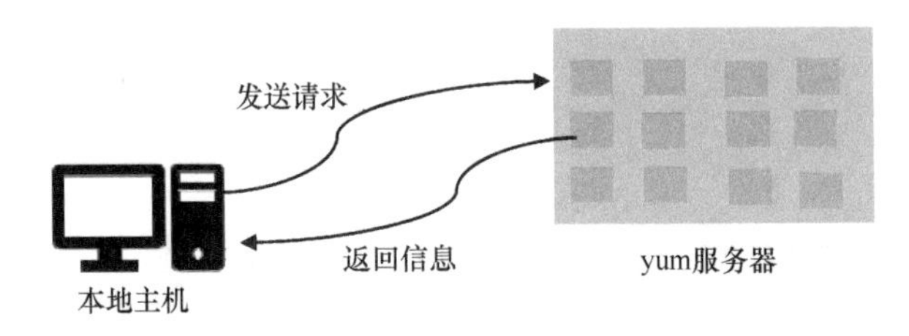

图 7-1　yum 工作示意图

【实操】使用 yum 安装软件

安装时指定-y 选项可以自动跳过安装过程中的提问（自动回答 Yes）。这里安装软件 samba，安装此软件的同时也会自动安装相关的依赖软件。

```
[root@localhost ~]# yum -y install samba   ◄----- 安装 samba
Loaded plugins: fastestmirror, langpacks
Loading mirror speeds from cached hostfile
 * base: mirrors.tuna.tsinghua.edu.cn
 * extras: mirrors.tuna.tsinghua.edu.cn
 * updates: mirrors.tuna.tsinghua.edu.cn
base                                                     | 3.6 kB  00:00:00
extras                                                   | 2.9 kB  00:00:00
updates                                                  | 2.9 kB  00:00:00
Resolving Dependencies
……中间省略……
Installed:
samba.x86_64 0:4.10.16-19.el7_9

Dependency Installed:   ◄----- 自动安装依赖软件
pyldb.x86_64 0:1.5.4-2.el7            pytalloc.x86_64 0:2.1.16-1.el7
python-tdb.x86_64 0:1.3.18-1.el7          samba-common-tools.x86_64 0:4.10.16-19.el7_9
samba-libs.x86_64 0:4.10.16-19.el7_9

Complete!   ◄----- 提示安装完成
[root@localhost ~]#
```

【实操】使用 yum 卸载软件

使用 yum 卸载软件包时，会同时卸载所有与该包有依赖关系的其他软件包。

```
[root@localhost ~]# yum -y remove samba   ←------ 卸载软件
Loaded plugins: fastestmirror, langpacks
Resolving Dependencies
--> Running transaction check
---> Package samba.x86_64 0:4.10.16-19.el7_9 will be erased
--> Finished Dependency Resolution
……中间省略……
Removed:
  samba.x86_64 0:4.10.16-19.el7_9

Complete!   ←------ 卸载软件完成
[root@localhost ~]#
```

【实操】使用 yum 查询软件

使用 info 子命令可以查看软件的详细信息，包括软件名称、版本、大小和硬件架构等信息。这里使用此命令查询未安装的软件 samba。

```
[root@localhost ~]# yum info samba
Loaded plugins: fastestmirror, langpacks
Loading mirror speeds from cached hostfile
 * base: mirrors.tuna.tsinghua.edu.cn
 * extras: mirrors.tuna.tsinghua.edu.cn
 * updates: mirrors.tuna.tsinghua.edu.cn
Available Packages ←------ 可获取的安装包，表示该软件未安装
Name        : samba
Arch        : x86_64
Version     : 4.10.16
Release     : 19.el7_9
Size        : 720 k
Repo        : updates/7/x86_64
Summary     : Server and Client software to interoperate with Windows machines
URL         : http://www.samba.org/
License     : GPLv3+ and LGPLv3+
Description : Samba is the standard Windows interoperability suite of programs for
            : Linux and Unix.

[root@localhost ~]#
```

在查询软件时，如果显示的不是 Available Packages，而是 Installed Packages，就表示这是已经安装的软件。在有网络的情况下，一般会选择使用 yum 命令安装软件。

使用 yum 升级软件包时，需要确保 yum 源服务器中软件包的版本比本机安装的软件包版本高。如果直接使用 yum update 命令表示更新所有软件包。一般会在 yum update 命令后面标注软件名称，从而升级指定的软件。

7.4 【实战案例】更改 yum 源

yum 的重要组成部分之一就是仓库，也叫 yum 源。在网络上有大量的 yum 源可供用户使用，Linux 也提供了默认的 yum 源。开放的 yum 源质量参差不齐，除了官方的 RedHat、CentOS 的 yum 源之外，大家可以使用一些知名的 yum 源。

难度：★★

更改 yum 源

yum 连接服务器获取资源的方式由配置文件决定。在/etc/yum.repos.d/目录下有一些默认的配置文件，通过编辑/etc/yum.repos.d/CentOS-Base.repo 文件可以修改设置。

打开 CentOS-Base.repo 文件可以看到获取资源的路径是 CentOS 官网自身的 yum 源。如果想要更快的获取速度，可以更换 yum 源。

修改默认的 yum 源

在修改 yum 源之前需要先备份配置文件/etc/yum.repos.d/CentOS-Base.repo。在/etc/yum.repos.d/目录中使用 mv 命令备份此文件。这样会使原来的 CentOS-Base.repo 文件变成备份过后的新文件 CentOS-Base.repo.backup。也就是说，这会使原始配置文件失效。

```
[root@localhost yum.repos.d]# mv CentOS-Base.repo  CentOS-Base.repo.backup
```

使用 wget 命令获取阿里云的 yum 源配置文件。这里使用 wget -O 命令获取新的 yum 源(/etc/yum.repos.d/CentOS-Base.repo)，获取的网址为阿里云的 yum 源网址。这里使用的虚拟机为 CentOS 7，所以指定的网址是适用于 CentOS 7 的网址。

```
[root@localhost yum.repos.d]# wget -O /etc/yum.repos.d/CentOS-Base.repo http://mirrors.
aliyun.com/repo/Centos-7.repo
--2022-08-22 16:25:36--  http://mirrors.aliyun.com/repo/Centos-7.repo
Resolving mirrors.aliyun.com (mirrors.aliyun.com)... 117.149.237.242, 111.3.90.239, 117.149.
237.243, ...
……省略……
100%[=============================================>] 2,523      --.-K/s
in 0.004s
2022-08-22 16:25:36 (601 KB/s) - '/etc/yum.repos.d/CentOS-Base.repo' saved [2523/2523]
[root@localhost yum.repos.d]#
```

获取到新的 yum 源后，需要先清空本地的 yum 源缓存，然后获取阿里云的 yum 源缓存.

```
[root@localhost yum.repos.d]# yum clean all    ←清空之前 Yum 源的缓存
Loaded plugins: fastestmirror, langpacks
Cleaning repos: base extras updates
Cleaning up list of fastest mirrors
[root@localhost yum.repos.d]# yum makecache    ←获取阿里云的 Yum 源缓存
Loaded plugins: fastestmirror, langpacks
```

```
Determining fastest mirrors
 * base: mirrors.aliyun.com
 * extras: mirrors.aliyun.com
 * updates: mirrors.aliyun.com
……省略……
base                                                    |3.6 kB  00:00:00
extras                                                  |2.9 kB  00:00:00
updates                                                 |2.9 kB  00:00:00
(1/10): base/7/x86_64/group_gz                          |153 kB  00:00:00
……省略……
(10/10): updates/7/x86_64/primary_db                    | 17 MB  00:01:37
Metadata Cache Created  ←----完成缓存的创建
[root@localhost yum.repos.d]#
```

7.5 【专家有话说】管理自启动服务

在安装了一些软件包之后，需要了解哪些程序会随着系统启动而开启服务。这样可以更精细化地控制开机启动的服务。通过减少不必要的开机启动服务，服务器的资源可以更多地用于业务需要。

难度：★★

优化自启动服务

对自动启动的服务进行管理，可以精简系统资源的使用，减少服务器的安全风险。如果服务器不需要挂载网络文件系统，就不需要启动 nfsd 服务（网络文件系统服务），以免引发不必要的安全漏洞。

【实操】查看自启动服务

如果用户想知道系统中有哪些是随着系统开机就自动启动的服务，可以使用以下命令进行查看。通过 grep 命令可以筛选 enabled 的服务。

```
[root@localhost ~]# systemctl list-unit-files --type=service |grep 'enabled'
abrt-ccpp.service                               enabled
abrt-oops.service                               enabled
abrt-vmcore.service                             enabled
……省略……
sshd.service                                    enabled
syslog-ng.service                               enabled
syslog.service                                  enabled
sysstat.service                                 enabled
systemd-readahead-collect.service               enabled
systemd-readahead-drop.service                  enabled
systemd-readahead-replay.service                enabled
tuned.service                                   enabled
udisks2.service                                 enabled
……省略……
[root@localhost ~]#
```

【实操】关闭自启动服务

这里以 sshd 服务为例，可以看到该服务是自动启动的。如果想关闭该服务，可以使用以下命令进行操作。

```
[root@localhost ~]# systemctl disable sshd.service      ←关闭 sshd 服务
Removed symlink /etc/systemd/system/multi-user.target.wants/sshd.service.
[root@localhost ~]#
```

本章主要介绍了 Linux 系统中包管理工具 rpm 和 yum 的相关使用方法。管理软件包软件是 Linux 管理员的必备的技能之一，与系统安全息息相关。在掌握基本的软件安装和管理技能后，还需要在实际操作中反复实践。

知识拓展——httpd 软件依赖问题的解决办法

在使用 rpm 安装 httpd［Apache 超文本传输协议（HTTP）服务器的主程序］时如果出现以下提示，表示出现了依赖问题。不同的系统环境提示的依赖软件也会有所差异。这里提示有两个依赖问题，第一个是缺少/etc/mime.types 文件，第二个是缺少 httpd-tools 依赖软件。

```
[root@localhost Packages]# rpm -ivh httpd-2.4.6-97.el7.centos.5.x86_64.rpm
error: Failed dependencies:
    /etc/mime.types is needed by httpd-2.4.6-67.el7.centos.x86_64
httpd-tools = 2.4.6-97.el7 is needed by httpd-2.4.6-67.el7.centos.x86_64
```

如果缺少 httpd-tools 软件，则使用 rpm 命令安装该软件即可。在命令行中使用 rpm -ivh 命令安装 httpd-tools 时，不需要手动输入软件的全名。先输入 httpd-t 后按 Tab 键就会自动补全软件包的全名。

```
[root@localhost Packages]# rpm -ivh httpd-tools-2.4.6-97.el7.centos.5.x86_64.rpm
```

这里我们已经解决了一个软件依赖问题，还有一个/etc/mime.types 文件问题。缺少此文件需要查询该文件依赖的 rpm 包。先使用 yum deplist httpd 命令查询 httpd 的服务依赖，看看/etc/mime.types 文件依赖的软件是什么。从结果中看到该文件依赖 mailcap.noarch 2.1.41-2.el7 软件。

```
[root@localhost Packages]# yum deplist httpd
……以上省略……
  dependency: /etc/mime.types
    provider: mailcap.noarch 2.1.41-2.el7
……以下省略……
```

明确了/etc/mime.types 文件依赖的问题后，使用 rpm -ivh 命令安装依赖软件就可以了。这里输入 mailcap 按 Tab 键就会自动补全余下的名称。

```
[root@localhost Packages]# rpm -ivh mailcap-2.1.41-2.el7.noarch.rpm
```

成功安装好缺少的依赖软件后，再安装 httpd 就可以了。如果还缺少其他依赖软件，大家可以按照此方法解决相关依赖问题。

Chapter

8

应用安全才安心

通过网络防火墙、VPN 和网络流量分析工具等构筑了网络层的安全，Linux 用户管理、软件管理和文件管理等则保障了系统层的安全。这些都是构建防御体系不可或缺的组成部分。因此保障应用安全同样是非常重要的纵深防御体系的组成部分。

8.1 漏洞解析

无论是对于政府、企业还是个人来说，网站都是重要的信息化平台。近年来，国内大中型政企机构的网站安全建设已然取得了巨大的进步，但安全隐患仍然会有。在网站安全漏洞中，信息泄露漏洞占比最高，其次是 SQL 注入漏洞。我们需要关注这些常见的高危漏洞，以提升系统的安全。

难度：★★★

8.1.1 分析数据流向

在大型网站系统中往往存在很多组件，数据流向一般也比较复杂。为了了解与网站相关的应用安全，需要对网站架构和数据流向进行简化和抽象，以便可以将安全目标关注在核心和通用组件上。

网站架构和数据流向

在简化的网站架构和数据流向示意图中，用户包含了合法使用网站的人和试图入侵网站的人，如图 8-1 所示。

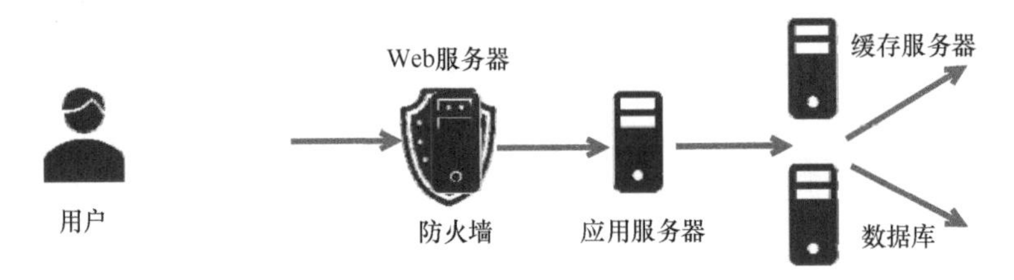

图 8-1 网站架构和数据流向简化图

8.1.2 注入漏洞

注入漏洞是指由于应用程序未对输入的数据进行严格校验导致执行了非预期的命令或者进行了未经授权的数据访问。大部分数据源都有可能成为注入的载体，包括环境变量、所有类型的用户、外部和内部 Web 服务等。

当攻击者可以向解释器发送恶意数据时，注入漏洞就产生了。注入会导致数据丢失、破坏或泄露给无授权的一方。注入有时会导致主机被完全接管。常见的注入漏洞包括 SQL 注入漏洞和命令注入漏洞。

【实操】在 SQL 语句中使用不可靠数据

SQL 注入漏洞会让攻击者利用用户输入验证时的疏忽，对后台数据库发起攻击。有时用户在输入的数据中会包含特殊意义的字符或命令，这有可能会让攻击者对后台数据库发出控制指令，从而入侵数据库或系统。

当应用程序在脆弱性的 SQL 语句构造中使用不可信数据，那么攻击者就可以利用浏览器发起攻击，比如以下这种 SQL 语句。

```
String query = "SELECT * FROM accounts WHERE custID='" + request.getParameter("id") + "'"
```

这样会让原本的数据查询语句变成从数据表中返回记录。更严重的情况还会导致数据被篡改或者数据库被非法调用。

【实操】Linux 中的命令执行连接符

命令注入漏洞是由于使用 Web 应用程序执行系统命令时对用户输入的字符未进行过滤或过滤不严格导致的，经常发生在执行系统命令的 Web 应用中。攻击者可以通过命令注入执行系统终端命令，从而获取服务器的控制权限。命令注入漏洞攻击的手段有命令执行函数和命令执行连接符等。

在 Linux 系统中可以使用 | 、|| 、&、&& 命令执行连接符查看命令执行的不同结果。使用 || 时，如果 || 前后两端的命令都是正确的，则会输出命令的执行结果。如果前一个命令出现错误会进行提示，并执行后面的命令。

```
[root@localhost ~]# who ||date
root      :0        2022-11-26 16:40 (:0)
root      pts/0     2022-11-28 20:50 (:0)
[root@localhost ~]# wh ||date
bash: wh: command not found...
Mon Nov 28 20:56:55 CST 2022
[root@localhost ~]#
```

8.1.3 跨站脚本攻击漏洞

跨站脚本攻击（XSS）漏洞指的是网站没有对用户提交的数据进行转义处理，或者过滤不足导致恶意攻击者可以将一些代码嵌入 Web 页面中，从而使其他用户访问就会执行相应的嵌入代码的漏洞。

形成 XSS 漏洞的主要原因是程序对输入和输出没有做合适的处理，导致“精心构造”的字符输出在前端时被浏览器当作有效代码解析执行从而产生危害。

三种跨站脚本攻击漏洞

跨站脚本攻击漏洞通常发生在客户端，可被用于进行窃取隐私、钓鱼欺骗、窃取密码和传播恶意代码等。跨站脚本攻击漏洞有三种类型，如表 8-1 所示。

表 8-1 跨站脚本攻击漏洞的三种类型

XSS 类型	说 明
反射型 XSS	应用程序将未经验证和转义的输入作为 HTML 输出的一部分。如果攻击成功，攻击者会在用户的浏览器中执行任意的 HTML 操作
存储型 XSS	应用程序将未净化处理的用户输入存储下来，在后期其他用户或者管理员访问时的页面上展示出来
DOM 型 XSS	一种发生在客户端 DOM（Document Object Model，文档对象模型）中的跨站漏洞，很大原因是因为客户端脚本处理逻辑导致的安全问题

XSS 的危害

XSS 是一种发生在前端浏览器端的漏洞，所以其危害的对象也是前端用户。XSS 漏洞可以用来进行钓鱼攻击、前端 JS 挖矿和用户 Cookie 获取，甚至可以结合浏览器自身漏洞对用户主机进行远程控制等。XSS 的危害如表 8-2 所示。

表 8-2 XSS 的危害

XSS 危害	说明
钓鱼欺骗	利用目标网站的反射型跨站脚本漏洞将目标网站重定向到钓鱼网站，或者注入钓鱼 JavaScript 以监控目标网站的表单输入
网站挂马	跨站时利用 IFrame 嵌入隐藏的恶意网站或者将被攻击者定向到恶意网站上，利用弹出恶意网站窗口等方式也可以进行挂马攻击
身份盗用	Cookie 是用户对特定网站的身份验证标志。XSS 可以盗取用户的 Cookie，从而利用该 Cookie 盗取用户对该网站的操作权限
盗取网站用户信息	当窃取用户 Cookie 从而获取用户身份时，攻击者可以获取用户对网站的操作权限，从而查看用户隐私信息
垃圾信息发送	比如在 SNS 社区中，利用 XSS 漏洞借用被攻击者的身份发送大量的垃圾信息给特定的目标群
劫持用户 Web 行为	一些高级的 XSS 攻击可以劫持用户的 Web 行为，监视用户的浏览历史，发送与接收的数据等
XSS 蠕虫	XSS 蠕虫可以用来打广告、刷流量、挂马、恶作剧、破坏网上数据和实施 DDoS 攻击等

8.1.4 信息泄露

信息泄露指的是应用程序把敏感信息展示给了未授权用户。在 2021 年发布的《中国网站安全报告》中，信息泄露漏洞是所有漏洞中占比最高的，已经高达 36%。

信息泄露的场景

随着互联网应用的普及和人们对互联网的依赖，互联网的安全问题也日益凸显，随之的信息安全问题也越发引起重视，信息泄露通常包括以下场景。

- 应用程序未对出错信息加以封装而直接展示给用户，导致泄露了应用程序版本、配置信息和调用的第三方接口等。有时候报错信息会暴露程序开发语言、数据库驱动引擎和访问账号等。黑客可以借助这些信息攻击网站，产生安全隐患。
- 由于配置或操作不当导致源代码、配置文件被直接下载。
- 一些机密数据没有进行强加密，导致被别人恶意读取后散播和利用。比如在日志或数据库中使用明文记录完整的用户账号和密码等。

8.2 Apache 的安全管理

Apache 是世界使用排名第一的 Web 服务器软件，它可以运行在大部分的计算机平台上。由于其跨平台和安全性被广泛使用，因此是最流行的 Web 服务器端软件之一。对于 Apache 的安全，这里主要介绍 HTTPS 加密和 ModSecurity 加固。

难度：★★★

8.2.1 使用 HTTPS 加密网站

如果运营商篡改了用户正常的网站请求结果，注入商业广告而获利或者节省运营商网间计算费用的目的。这是中间人攻击（MITM）的一种形式。应对这种攻击的有效手段之一就是使用 HTTPS 加密网站通信。

HTTPS 使用的 SSL 证书类型

使用 HTTPS 加密网站通信可以有效地应对网络上的嗅探。HTTPS 使用的 SSL 证书主要有三类，如表 8-3 所示。

表 8-3　HTTPS 使用的 SSL 证书

类　型	说　明
企业型（OV）	浏览器中有一些安全标记，比如绿锁、HTTPS 等。中小型企业、电商服务会选择严格的身份审核验证，保护内外网络上敏感的数据传输。CA（证书授权中心）机构负责人工审核材料
增强型（EV）	浏览器上有绿锁、HTTPS 的安全标记，并显示完整的单位名称。对申请者进行严格的身份审核验证
域名型（DV）	只验证网站域名所有权的简易型证书，可以加密传输，无法向用户证明网站的真实身份，比较适合个人网站和企业测试

【实操】配置 HTTPS

在 Apache 中配置 HTTPS 时，可以直接在其配置文件/etc/httpd/conf/httpd.conf 中新增一些配置内容即可。SSLCertificateFile 表示从 CA 机构获取的签发公钥证书，SSLCertificate Key-File 表示私钥证书。

```
SSLEngine on
SSLCertificateFile ./etc/httpd/conf/cert/example.com.crt
SSLCertificateKeyFile /etc/httpd/conf/cert/example.com.key
```

8.2.2 使用 ModSecurity 加固 Web

除了在编程过程中预防注入漏洞和跨站脚本漏洞之外，还可以使用 Web 应用防火墙（WAF）用来辅助。WAF 与传统的网络防火墙不同，并不是作用在网络层和传输层，而是作用在应用层。通过对应用层的内容进行分析和判断实行放行或禁止的操作。ModSecurity 是一款优秀的开源 Web 应用防火墙框架，被广泛部署在各种规模的网站中。

ModSecurity 的使用场景

ModSecurity 是一个工具包，用于实时 Web 应用监控、记录日志和访问控制。ModSecurity 的一些重要使用场景如表 8-4 所示。

表 8-4 ModSecurity 的使用场景

场 景	说 明
安全监控和访问控制	为用户提供了实时访问和检查 HTTP 通信流的能力。用户可以可靠地通过它阻止 HTTP 请求
完整记录 HTTP 通信流	默认情况下，Web 服务器记录的日志很少。ModSecurity 为用户提供了可以记录任何事情的功能，包括原始的事务数据
被动安全评估	提供了持续且被动式的安全评估，聚焦在系统本身的行为
Web 应用加固	用于减少攻击面，用户可以选择性地缩减希望接收的 HTTP 特性，比如请求方法等

ModSecurity 的部署模式

ModSecurity 支持嵌入式部署和反向代理部署，它们各有利弊，这取决于用户的架构环境。两种部署模式的特点如表 8-5 所示。

表 8-5 两种部署模式的特点

部 署 模 式	特 点
嵌入式（Embedded）	嵌入式不会引入新的故障点，还会随着底层 Web 基础设施无缝伸缩
反向代理（Reverse Proxy）	实质是 HTTP 路由被设计部署在 Web 服务器和客户端之间。这种模式会引入新的故障点，不过可以将被保护的对象完全隔离开

ModSecurity 的规则集

ModSecurity 本身是 Web 应用防火墙引擎，自身提供的防护功能有限，为了发挥最大的防护价值，需要配置高效的规则集。经常使用的 ModSecurity 规则集分为开源的 OWASP ModSecurity 核心规则集合以及来自 Trustwave SpiderLabs 的商业规则集，如表 8-6 所示。

表 8-6 ModSecurity 的规则集

规 则 集	说 明
核心规则集	该规则集提供了一组极易可插拔的通用攻击检测规则，为任何 Web 应用提供基础级别的安全防护，比如 HTTP 协议防护、实时黑名单查找和通用 Web 攻击防护等
商业规则集	该规则集基于真实世界的调查、渗透测试和安全研究制作出来的。提供的防护主要有虚拟补丁、根据 IP 信誉进行防护、僵尸网络攻击检测和 HTTP 拒绝服务攻击检测等

8.3 Nginx 的安全管理

Nginx 是一个高性能的 HTTP 和反向代理 Web 服务器，以高稳定性、丰富的功能集、简单的配置文件和低系统资源的消耗而闻名，被越来越多的网站采用。对于 Nginx 的安全，需要关注的是 HTTPS 加密和 NAXSI 加固。

难度：★★★

8.3.1 使用 HTTPS 加密网站

在连接高并发的情况下，Nginx 是 Apache 服务不错的替代品。Nginx 既可以在内部直接支持 Rails 和 PHP 程序对外进行服务，也可以支持作为 HTTP 代理服务对外进行服务。

【实操】在 Nginx 上配置 HTTPS

获取 SSL 证书后，在 Nginx 的配置文件 nginx.conf 中添加配置项。

```
ssl on;
ssl_certificate /opt/certserver.crt;
ssl_certificate_key /opt/certserver.key;
ssl_session_timeout 7m;
ssl_protocols TLSv1 TLSv1.1 TLSv1.2
ssl_prefer_server_ciphers on;
```

完成配置后，可以使用 nginx -t 检查配置项，然后重启 Nginx 进程使配置生效。

8.3.2 使用 NAXSI 加固 Web

NAXSI（Nginx Anti XSS & SQL Injection，Nginx 防御跨站脚本和 SQL 注入）是 Nginx 服务器上常见的 Web 应用防火墙。从技术实现上看，NAXSI 是 Nginx 的第三方模块，可以用于很多类 UNIX 的操作系统平台。

NAXSI 与 ModSecurity 的不同

与 ModSecurity 相比，NAXSI 有以下不同点。

- NAXSI 可以通过学习模式建立白名单机制，这样可以通过默认拒绝的方式最大化保障 Web 安全。适用于网站代码和功能不频繁变化的场景，否则容易产生误报。
- NAXSI 在黑名单模式中规则更简洁。通过对 HTTP 请求体中出现的所有恶意字符设置分数并求和，达到一定阈值会拒绝请求实现安全防御。如果使用 ModSecurity，通常会设置精细的正则表达式，在一条规则中判断放行或禁止。

分析 NAXSI 的核心规则集

通过分析 NAXSI 的规则可以熟悉其原理，以下是部分规则，获取规则访问 https：//github. com/nbs-system/naxsi/blob/master/naxsi_config/naxsi_core.rules。

```
MainRule "str:\"" "msg:double quote" "mz:BODY |URL |ARGS |$HEADERS_VAR:Cookie" "s:$SQL:8,$XSS:
8" id:1001;
MainRule "str:0x" "msg:0x, possible hex encoding" "mz:BODY |URL |ARGS |$HEADERS_VAR:Cookie" "s:$
SQL:2" id:1002;
```

上面有两条规则，其中 id 为 1001 的规则表示，如果在 BODY（请求体）、URL（统一资源定位符）、ARGS（请求参数）和 Cookie（请求头部）任何地方出现了双引号，就将该请求可能是 SQL 注入、跨站脚本攻击的判断分数设置为 8。

用户可以在 Nginx 的配置文件中设置规则，这样可以根据每条规则得出累加分数，从而控制对相关请求是放行还是禁止。

8.4 PHP 的安全管理

PHP 在吸收多种语言的基础上发展出了自己的特色语法，并根据其长项持续改进提升自己。PHP 是在服务器端执行的脚本语言，尤其适用于 Web 开发并可嵌入 HTML 中，广泛部署在网站运行环境中。在开发时同样需要关注一些 PHP 安全选项。

难度：★★★

PHP 的安全配置

PHP 是一个受众大并且拥有众多开发者的开源软件项目，Linux+Nginx+Mysql+ PHP 是经典的安装部署方式，相关的软件也都是开源免费的，所以使用 PHP 可以获得丰富的功能。PHP 数组支持动态扩容，支持以数字、字符串或者混合键名的关联数组，能大幅提高开发效率。

对于 PHP 开发者来说，需要关注 PHP 的版本升级，避免漏洞被黑客利用导致网站被入侵。

【实操】禁止将报错信息输出给用户

如果将 PHP 的报错信息直接输出给用户，可能会泄露服务器或者数据库的配置信息。用户可以在配置文件 php.ini 中新增以下内容来应对这一问题。

```
expose_php = Off            ←  在 HTTP 头部隐藏 PHP 信息
error_reporting = E_ALL     ←  汇报所有的错误和警告信息
display_errors = Off
```

```
display_startup_errors = Off
log_errors = On ◄------ 记录错误信息
error_log = /valid_path/PHP-logs/php_error.log
ignore_repeated_errors = Off ◄------ 不能忽略重复性的错误
```

【实操】配置 PHP 的通用安全项

在进行 PHP 的通用安全配置时，比如只允许 PHP 访问指定路径下的文件、禁止打开远程文件等，可以在 php.ini 文件中新增以下内容。

```
open_basedir = /path/DocumentRoot/PHP-scripts/
allow_url_fopen = Off
allow_url_include = Off
variables_order = "GPSE"
allow_webdav_methods = Off
```

【实操】配置 PHP 上传文件

如果需要对 PHP 上传的文件进行配置，可以在 php.ini 文件中启用或关闭文件上传功能，然后指定上传文件的目录和文件的最大容量。

```
file_uploads = On
upload_tmp_dir = /path/PHP-uploads
upload_max_filesize = 5M
```

【实操】PHP Session 处理

在 php.ini 文件中新增以下内容，可以对 PHP 会话进行安全处理，比如设置会话过期时间。

```
session.cookie = On
session.cookie_httponly = 1
session.gc_maxlifetime = 500
```

PHP 开发者还需要特别注意用到的 PHP 开发框架的安全性，因此要保持 PHP 版本及时更新。

8.5 Tomcat 的安全管理

Tomcat 服务器是一个免费开放源代码的 Web 应用服务器，属于轻量级应用服务器，在中小型系统和并发访问用户不是很多的场合下被普遍使用，深受 Java 爱好者的喜爱，成为比较流行的 Web 应用服务器，是开发和调试 JSP 程序的首选。

难度：★★★

保障 Tomcat 的安全措施

由于 Tomcat 被广泛应用在 Java 语言开发的大型网站系统中，因此在部署开发环境时建议采用最新的稳定版本，从官网下载 Tomcat 安装文件后，需要删除一些默认应用以减少安全风险，比如 docs 和 host-manager 等。

【实操】降低服务权限

服务器一般会部署在负载均衡的设备或 Nginx 后，服务监听端口应该设在 1024 以上，比如 8080 端口。这时需要为 Tomcat 设置专用的启动用户，而不是 root 超级用户。这可以限制被入侵后黑客可以获取的权限，避免更大的危害。

```
groupadd -g 2020 tomcat
useradd -g 2020 -u 2020 tomcat
```

【实操】管理端口

Tomcat 提供了通过修改 Socket 连接 8005 端口执行关闭服务的功能，但这并不利于实际的生产环境。可以通过修改 server.xml 文件禁用这个管理端口。

默认情况下 server.xml 文件中的端口配置如下。

```
<Server port = "8005" shutdown = "SHUTDOWN">
```

下面将配置中的端口 8005 改为-1 即可禁用此功能。

```
<Server port = "-1" shutdown = "SHUTDOWN">
```

【实操】禁止 AJP 端口访问

在使用 Tomcat 服务器的过程中，它会通过 Connector 连接器组件与客户端程序建立连接。Connector 组件负责接收客户的请求，然后将 Tomcat 服务器的响应结果发送给客户。默认情况下，Tomcat 在 server.xml 文件中配置了两种连接器，分别是 AJP 和 http。当使用 AJP 时需要和 Apache 组合使用。当使用 http 时建议禁止 AJP 端口访问，在 server.xml 文件中将以下内容注释即可。

```
<! --<Connector port = "8329" protocol = "AJP/1.3" redirectPort = "8443" />-->
```

【实操】关闭 WAR 包的自动部署

默认情况下，Tomcat 开启了对 WAR 包的自动部署。为了防止 WAR 被恶意替换引发的网站风险，建议关闭自动部署功能。

server.xml 文件中默认的相关配置内容如下。

```
<Host name = "localhost" appBase = "webapps"
        unpackWARs = "true" autoDeploy = "true">
```

将原有配置内容中的 unpackWARs 和 autoDeploy 的值由 true 改为 false。

```
<Host name = "localhost" appBase = "webapps"
        unpackWARs = "false" autoDeploy = "false">
```

【实操】自定义错误页面

当发生未处理的异常时会导致信息泄露，而自定义错误页面可以防止这种情况的发生。在 web.xml 文件的<web-app>标签中添加以下内容。

```
<error-page>
        <error-code>404</error-code>
        <location>/404.html</location >
</error-page >
<error-page>
        <error-code>500</error-code>
        <location>/500.html</location >
</error-page >
```

8.6 【实战案例】访问虚拟主机网页

如果想充分利用服务器资源，可以使用虚拟主机功能。该功能可以将一台处于运行状态的物理服务器分成多个虚拟服务器。Apache 提供的虚拟主机功能可以基于 IP 地址、主机域名或端口号等形式让多个网站同时为外部提供访问服务。

难度：★★★

基于域名访问网页内容

服务器无法为每一个网站分配单独的 IP 地址时，可以使用这种基于主机域名的访问方式来浏览不同网站中的网页资源。在基于 IP 地址的访问配置上修改相关的参数会更加简单和快捷。在不设置 DNS 解析服务的情况下，要让 IP 地址和主机域名对应，就需要在文件/etc/hosts 中写入对应关系。

【实操】写入 IP 和域名的对应关系

在/etc/hosts 文件中写入使一个 IP 地址对应多个主机域名的记录。比如 IP 地址 192.168.181.128 对应了两个主机域名，分别是 www.mylinux.com 和 www.mylinux2.com。

```
[root@mylinux ~]# vim /etc/hosts
……省略……
192.168.181.128 www.mylinux. com www.mylinux2.com  ◄------ 写入记录
```

保存退出后，可以使用 ping 命令测试域名和 IP 地址之间是否已经可以成功解析。

修改网页显示内容

在/home/wwwroot 目录下准备两个用于存放网站数据的目录，这里在基于 IP 地址的访问方式配置上修改参数。分别修改/home/wwwroot/page1/index.html 和/home/wwwroot/page2/index.html 网页文件中的显示内容。

```
[root@mylinux ~]# vim /home/wwwroot/page1/index.html    ◄------ 编辑 Page1 页面
<html>
<head>
        <title>Page1</title>
        <meta charset="utf-8"/>
</head>
<body>
        <h1>欢迎来到 Page1 的页面! </h1>
        <h1>这是基于主机域名的访问方:www.mylinux.com。</h1>
</body>
</html>
[root@mylinux ~]# vim /home/wwwroot/page2/index.html    ◄------ 编辑 Page2 页面
<html>
<head>
        <title>Page2</title>
        <meta charset="utf-8"/>
</head>
<body>
        <h1>欢迎来到 Page2 页面! </h1>
        <h1>基于主机域名的方式访问 Page2。</h1>
</body>
</html>
```

修改 IP 和域名的相关参数

在 httpd 服务的主配置文件中修改相关的参数，这里只使用一个 IP 地址 192.168.181.128 对应两个域名，并分别指定它们的路径。

```
[root@mylinux ~]# vim /etc/httpd/conf/httpd.conf
......(以上省略)......
<VirtualHost 192.168.181.128>    ◄------ IP 地址
DocumentRoot "/home/wwwroot/page1"    ◄------ 对应的路径
ServerName "www.mylinux.com"    ◄------ 第 1 个域名
<Directory "/home/wwwroot/page1">
    AllowOverride None
    Require all granted
</Directory>
</VirtualHost>
<VirtualHost 192.168.181.128>
DocumentRoot "/home/wwwroot/page2"
ServerName "www.mylinux2.com"    ◄------ 第 2 个域名
<Directory "/home/wwwroot/page2">
    AllowOverride None
    Require all granted
</Directory>
</VirtualHost>
......(以下省略)......
```

重启 httpd 服务并设置 SELinux 策略使之生效

设置好主配置文件后，一定要重启 httpd 服务使设置生效。之后就是配置 SELinux 安全上下文策略并使之立即生效。

```
[root@mylinux wwwroot]# systemctl restart httpd
[root@mylinux ~]# semanage fcontext -a -t httpd_sys_content_t /home/wwwroot
[root@mylinux ~]# semanage fcontext -a -t httpd_sys_content_t /home/wwwroot/page1
[root@mylinux ~]# semanage fcontext -a -t httpd_sys_content_t /home/wwwroot/page1/*
[root@mylinux ~]# semanage fcontext -a -t httpd_sys_content_t /home/wwwroot/page2
[root@mylinux ~]# semanage fcontext -a -t httpd_sys_content_t /home/wwwroot/page2/*
[root@mylinux ~]# restorecon -Rv /home/wwwroot
```

通过域名访问网页内容

在浏览器中输入 http：//www.mylinux.com 可以访问 Page1 的页面，如图 8-2 所示。

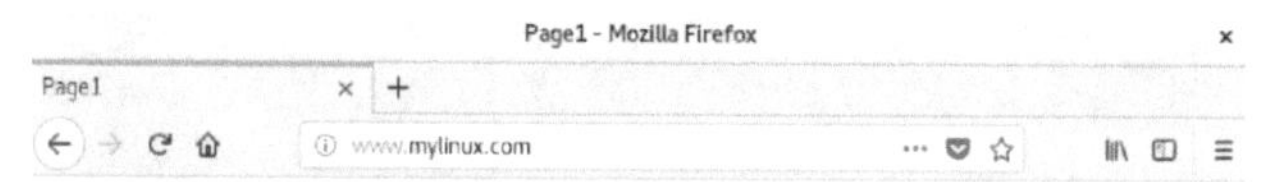

图 8-2　通过域名访问 Page1 页面

在浏览器中输入 http：//www.mylinux2.com 可以访问 Page2 页面，如图 8-3 所示。

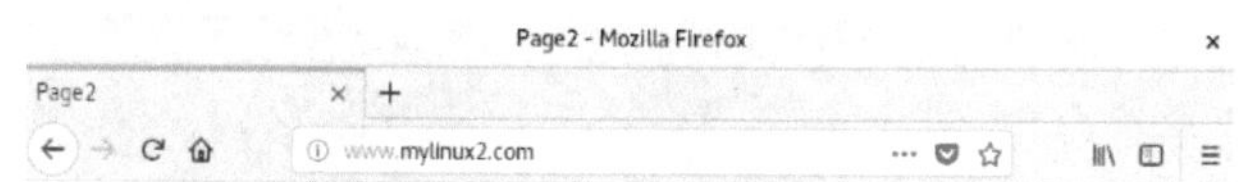

图 8-3　通过域名访问 Page2 页面

8.7 【专家有话说】 Redis 的安全管理

Redis（远程字典服务）是一个开源的、使用 ANSI C 语言编写、支持网络、可基于内存亦可持久化的日志型、Key-Value 数据库，并提供多种语言的 API。Redis 支持主从同步，数据可以从主服务器向任意数量的从服务器上同步，从服务器可以是关联其他从服务器的主服务器。

难度：★★★

Redis 介绍

Redis 常用于缓存、消息中间件和持久化数据库。在公网上开放的 Redis 服务器大部分都受到或多或少的攻击。为了预防这种攻击，用户需要采取一些措施保障 Redis 的安全。

保障 Redis 安全的措施

为了保障 Redis 的安全，可以采取以下措施。

- 将 Redis 部署在仅有内网 IP 的服务器上，避免对外网开放。
- 设置防火墙，只允许前端 Web 服务器和应用服务器调用 Redis 服务的功能。
- 专门创建一个独立的用户启动 Redis 服务。
- 禁用一些危险命令。

【实操】在配置文件中禁用危险命令

在 Redis 服务器的配置文件中添加以下内容可以禁用一些危险命令。

```
rename-command FLUSHALL ""
rename-command FLUSHDB ""
rename-command CONFIG ""
rename-command KEYS ""
```

Redis 的抽象数据类型

Redis 的外围由一个键、值映射的字典构成，与其他非关系型数据库主要不同在于，Redis 中值的类型不仅限于字符串，还支持以下抽象数据类型。

- 字符串列表。
- 无序不重复的字符串集合。
- 有序不重复的字符串集合。
- 键、值都为字符串的哈希表

值的类型决定了其本身支持的操作。Redis 支持不同无序、有序的列表，无序、有序的集合间的交集、并集等高级服务器端原子操作。

Redis 持久化

通常 Redis 将数据存储在内存中或虚拟内存中，但它提供了数据持久化功能可以把内存中的数据持久化到磁盘。Redis 提供了两种数据持久化的方式，如表 8-7 所示。

表 8-7 Redis 持久化的方式

持久化方式	说 明
RDB Snapshotting	这种方式就是将内存中数据以快照的方式写入二进制文件中，默认的文件名为 dump.rdb。客户端也可以使用相关命令通知 Redis 进行一次快照持久化。每次快照持久化都是将内存数据完整写入到磁盘一次，并不是增量的只同步增量数据。如果数据量大的话，写操作会比较多，会引起大量的磁盘 IO 操作，可能会严重影响性能。这种方式的缺点也是显而易见的，由于快照方式是在一定间隔时间做一次的，所以如果 Redis 意外宕机的话，会丢失最后一次快照后的所有数据修改
AOF	这种方式 Redis 会将每一个收到的写命令都通过 write 函数追加到文件中。当 Redis 重启时会通过重新执行文件中保存的写命令来在内存中重建整个数据库的内容。由于操作系统会在内核中缓存 write 做的修改，所以可能不是立即写到磁盘上。这样的持久化还是有可能会丢失部分修改。不过我们可以通过配置文件告诉 redis 想要通过 fsync 函数强制操作系统写入到磁盘的时机

本章主要介绍了与网站相关的应用安全知识，包括 Apache、Nginx、PHP 和 Tomcat 等。在进行漏洞介绍时，简单介绍了数据流向，了解了三种跨站脚本漏洞。对于 Apache 和 Nginx 这类 Web 服务器，通过使用 Web 应用防火墙可以在很大程度上抵御大部分通用的 Web 攻击。希望通过本章的学习，可以帮助读者构建更安全的应用环境。

知识拓展——了解系统状态

了解过系统资源的使用情况、开机信息和内存状态等信息，才能更好地管理系统，对系统的基本状况做到心中有数。vmstat 命令用于检测系统资源，可以用来监控 CPU 的使用、进程状态、内存使用、虚拟内存使用、硬盘输入/输出等信息。

不带任何选项执行 vmstat 命令，可以看到输出的 6 个字段（procs、memory、swap、io、system、cpu）的信息，其中每个字段下又包含了各自的项目。

```
[root@localhost ~]# vmstat
procs --------memory--------- ---swap-- -----io--- -system-- ------cpu-----
r  b   swpd   free  buff  cache         si    so    bi    bo    in    cs  us  sy  id  wa  st
1      0      0     72896 136 965256    0     0     66    2     32    44  0   0   99  0   0
```

下面将介绍每个字段的含义，如表 8-8 所示。

表 8-8　vmstat 命令中字段和项目的含义

字　段	项　目	说　明
procs	r：等待运行的进程数，数量越大，系统越繁忙	进程统计信息。如果发现异常，使用 top 命令进一步排除故障
	b：不可被唤醒的进程数量，数量越大，系统越繁忙	
memory	swpd：虚拟内存的使用情况	内存统计信息，默认单位为 KB。使用 free -m 命令可以看到同样的信息
	free：空闲的内存容量	
	buff：缓冲的内存容量	
	cache：缓存的内存容量	
swap	si：从磁盘中交换内存中数据的数量	交换内存统计信息，默认单位为 KB。si 和 so 这两个数越大，表示数据需要经常在磁盘和内存之间进行交换，系统性能越差
	so：从内存中交换磁盘中数据的数量	
io	bi：从块设备中读入数据的总量	磁盘读写信息，单位是块
	bo：写到块设备数据的总量	
system	in：每秒被中断的进程次数	系统操作信息
	cs：每秒进行的事件切换次数	
cpu	us：非内核进程消耗 CPU 运算时间的百分比	CPU 信息。如果出现异常，可以使用 top 和 free 命令查看
	sy：内核进程消耗 CPU 运算时间的百分比	
	id：空闲 CPU 的百分比	
	wa：等待 I/O 消耗的 CPU 百分比	
	st：被虚拟机占用的 CPU 百分比	

由于这里输出的结果是虚拟机中的情况，所以并没有多少资源被占用。如果是在真实的服务器中占用率比较高，就需要手动干预，检查异常情况。

下面分别指定-a 选项、刷新延时和刷新次数查看 vmstat 命令的输出结果。

```
[root@localhost ~]#vmstat -a
procs --------memory------------swap-- -----io---- -system-- ------cpu-----
r  b  swpd  free  inact  active  si  so   bi   bo  in  cs   us  sy  id  wa  st
1  0  0     72104 595524 843692  0   0    66   2   32  44   0   0   99  0   0
[root@localhost ~]#vmstat 2 3
procs -------memory---------- ---swap-- -----io---- -system-- ------cpu-----
r  b  swpd  free  buff   cache    si  so   bi   bo  in  cs   us  sy  id  wa  st
1  0  0     74304 136    965144   0   0    66   2   32  44   0   0   99  0   0
1  0  0     74312 136    965144   0   0    0    0   163 272  0   0   99  0   0
0  0  0     74312 136    965144   0   0    0    0   154 263  0   0   100 0   0
[root@localhost ~]#
```

可以看到 vmstat -a 命令与之前相比，memory 字段中的 buff 和 cache 项目变成了 inact 和 active，两个项目的含义如下。

- inact：非活动内存的数量。
- active：活动内存量。

执行 vmstat 2 3 命令可以每隔 2 秒刷新一次结果，共刷新 3 次，也就是每隔 2 秒会输出一行结果，共输出 3 行结果。

Chapter

9

Linux 的安全扫描工具

在互联网上时刻存在大量的扫描行为，在数量如此之大的扫描行为背后有非常大的比例是恶意扫描。要想动态可持续地关注网站建设安全，需要通过安全扫描提前发现安全防御体系中的弱点并加以补救，从而防止被黑客利用，导致对网站造成威胁。

9.1 认识敏感端口

大多数操作系统都支持多程序同时运行，那么目的主机应该把接收的数据包传送给众多同时运行的进程中的哪一个呢？端口机制便由此被引入进来。一些端口常常会被黑客利用，还会被一些木马病毒利用，对计算机系统进行攻击，因此用户需要关注并检测一些敏感端口，从而保障系统安全。

难度：★

9.1.1 数据传输端口

在 Internet 上各主机间通过 TCP/IP 协议发送和接收数据包，各个数据包根据其目的主机的 IP 地址进行互联网络中的路由选择，把数据包顺利地传送到目的主机。数据在网络上传输时，根据不同的类别会有不同的端口，比如远程连接、文件传输等都有各自的端口。

数据传输端口示例

下面是需要读者关注的关于数据传输的端口，如表 9-1 所示。

表 9-1 数据传输端口

类 别	应 用	默认端口
远程管理	OpenSSH	22
	Telnet	23
	RDP	3389
	VNC Server	5901
文件传输	vsftpd	21
	Rsync Daemon	873
邮件发送	Sendmail、Postfix	25
监控数据采集	SNMP	161
	Zabbix	10050、10051

9.1.2 网络端口

在 TCP/IP 协议中的端口中，端口号的范围从 0 到 65535，比如用于浏览网页服务的 80 端口。每个端口都有各自的用途，这里主要介绍一些常用的网络相关的端口。

网络端口示例

在执行快速扫描时可以优先使用这些端口进行扫描，以便迅速对网络安全情况得出初步结论。具体的网络端口如表 9-2 所示。

表 9-2　网络端口

类　　别	应　　用	默 认 端 口
网站	Apache、Nginx	80、443
	Tomcat	8080
NFS	Portmap	111
	Nfsd	2049
数据库	SQL Server	1433
	Oracle	1521
	MySQL	3306
	Redis	6379
消息队列	Kafka	6667、9092
	ActiveMQ	61616、8161
大数据系统	ZooKeeper	2181
	HDFS	8020、9000

9.2 扫描工具 nmap

nmap 是用于网络探测和安全审计的免费开源的扫描工具，对于服务升级计划、监控主机等任务非常实用。它可以快速扫描大型网络，功能非常强大且多样，是一款很实用的工具。

难度：★★★

9.2.1　使用 nmap 进行主机发现

网络资源管理的第一步通常是主机发现，通常也是黑客尝试安全渗透的第一步。常用的主机发现技术有使用 ICMP 回显请求和使用 ARP 请求发现同局域网主机。

【实操】安装 nmap

下面在 Linux 中使用 nmap 的最新源码安装，从 https：//nmap.org/dist/中可以获取 nmap 的最新版本。

```
cd /opt
wget https://nmap.org/dist/nmap-7.93.tgz
tar zxvf nmap-7.93.tgz
cd nmap-7.93/
./configure --prefix=/usr/local/nmap
make & make install
```

安装完成后可以使用以下方式验证 nmap 版本。

```
[root@localhost ~]# /usr/local/nmap/bin/nmap -V  ◄------ 验证 nmap 版本
Nmap version 7.93 ( https://nmap.org )
```

```
Platform: x86_64-unknown-linux-gnu
Compiled with: nmap-liblua-5.3.6 nmap-libz-1.2.12 nmap-libpcre-7.6 nmap-libpcap-1.10.1
nmap-libdnet-1.12 ipv6
Compiled without: openssl libssh2
Available nsock engines: epoll poll select
[root@localhost ~]#
```

【实操】通过 ICMP 回显请求

这里使用 ICMP 的回显请求，扫描 192.168.209.0/24 网段并输出结果。扫描结束后，在 256 个 IP 地址中，有 5 个主机是 up 状态。

```
[root@localhost ~]# /usr/local/nmap/bin/nmap -v -n -sn -PE 192.168.209.0/24
Starting Nmap 7.93 ( https://nmap.org ) at 2022-09-16 11:49 CST
Initiating ARP Ping Scan at 11:49
Scanning 255 hosts [1 port/host]
Completed ARP Ping Scan at 11:49, 1.83s elapsed (255 total hosts)
Nmap scan report for 192.168.209.0 [host down]
Nmap scan report for 192.168.209.1
Host is up (0.00017s latency).
MAC Address: 00:50:56:C0:00:08 (VMware)
Nmap scan report for 192.168.209.2
Host is up (0.00011s latency).
MAC Address: 00:50:56:E9:7C:72 (VMware)
Nmap scan report for 192.168.209.3 [host down]
Nmap scan report for 192.168.209.4 [host down]
……省略……
Nmap scan report for 192.168.209.143
Host is up.
Read data files from: /usr/local/nmap/bin/../share/nmap
Nmap done: 256 IP addresses (5 hosts up) scanned in 1.87 seconds
           Raw packets sent: 510 (14.280KB) | Rcvd: 8 (224B)
[root@localhost ~]#
```

扫描时用到的参数含义分别如下。

- -v：指定详细的输出信息。
- -n：表示不进行 DNS 解析。
- -sn：表示使用 ping 扫描，禁用端口扫描。
- -PE：表示指定使用 ICMP 回显请求发现主机。

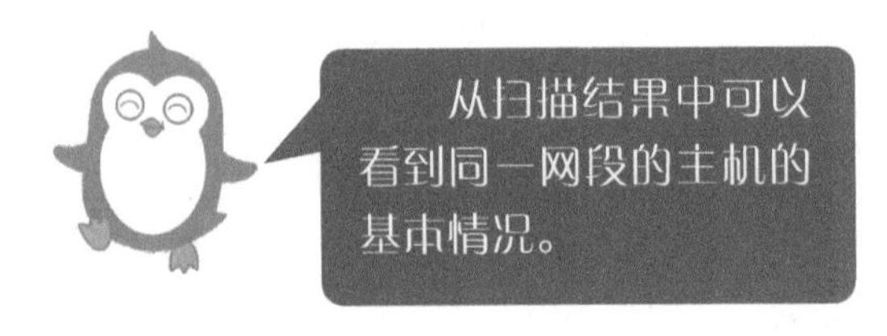

9.2.2 扫描端口

在使用 nmap 进行 TCP 端口扫描时，需要理解 TCP 连接建立过程中的 3 次握手，也就是客户端与服务器端的网络行为。如果客户端和服务器端可以成功建立 3 次握手，说明服务器端在指定端口上有进程在监听状态。

【实操】扫描全部的 TCP 端口

下面以 TCP Connect 方法扫描主机 192.168.209.143 的全部 TCP 端口（范围为 1～65535）。

```
[root@localhost ~]# /usr/local/nmap/bin/nmap -v -n -sT --max-retries 1 -p1-65535 192.168.209.143
 指定了端口范围和扫描主机
Starting Nmap 7.93 ( https://nmap.org ) at 2022-09-16 12:12 CST
Initiating Connect Scan at 12:12
Scanning 192.168.209.143 [65535 ports]
Discovered open port 111/tcp on 192.168.209.143
Discovered open port 22/tcp on 192.168.209.143
Completed Connect Scan at 12:12, 3.19s elapsed (65535 total ports)
Nmap scan report for 192.168.209.143
Host is up (0.00024s latency).
Not shown: 65533 closed tcp ports (conn-refused)
PORT     STATE SERVICE
22/tcp  open  ssh
111/tcp open  rpcbind       <------ 扫描到的 TCP 端口
Read data files from: /usr/local/nmap/bin/../share/nmap
Nmap done: 1 IP address (1 host up) scanned in 3.24 seconds
           Raw packets sent: 0 (0B) | Rcvd: 0 (0B)
[root@localhost ~]#
```

在使用的选项中，-sT 表示此次扫描使用 TCP Connect 方法，--max-retries 表示每个端口上最多重试的次数，这里是 1 次。-p1-65535 就是此次扫描端口的范围。

【实操】扫描 nmap 识别应用

有时管理员可能会在非默认的端口上运行敏感程序。因此对于已经扫描出的对外开放的端口需要进一步识别在该端口上运行的实际应用。这里以 192.168.209.143 主机上开放的 TCP 端口 111 为例。

```
[root@localhost ~]# /usr/local/nmap/bin/nmap -v -n -sV -p111 192.168.209.143
……省略……
PORT     STATE SERVICE VERSION
111/tcp open   rpcbind 2-4 (RPC #100000)
Read data files from: /usr/local/nmap/bin/../share/nmap
Service detection performed. Please report any incorrect results at https://nmap.org/submit/ .
Nmap done: 1 IP address (1 host up) scanned in 6.35 seconds
Raw packets sent: 1 (44B) | Rcvd: 2 (88B)
[root@localhost ~]#
```

9.3 扫描工具 masscan

masscan 是一款互联网 IP 端口快速扫描工具。由于它的异步传输机制，可以提供远高于 nmap 的扫描速度。相对而言，masscan 更加灵活，允许自定义任意的地址范和端口范围。

难度：★★★

使用 masscan 扫描 TCP 端口

masscan 不建立完整的 TCP 连接，收到 SYN/ACK 之后，发送 RST 结束连接。默认情况下 masscan 扫描速度为每秒 100 个数据包，为了增加速度，可以添加--rate 选项并为其指定一个值。此外，masscan 还有一个独特的功能是可以轻松地暂停和恢复扫描。

【实操】安装 masscan

下面在 CentOS 中安装 masscan。通过 git 可以获取 masscan 的二进制安装程序，该程序被安装在/opt/masscan/bin 目录中。

```
yum -y install git gcc make libpcap
cd /opt
git clone https://github.com/robertdavidgraham/masscan
cd masscan/
make
```

安装成功后，可以执行/opt/masscan/bin/masscan -V 命令检验 masscan 的版本。

```
[root@localhost ~]# /opt/masscan/bin/masscan -V   ←校验 masscan 版本
Masscan version 1.3.2 ( https://github.com/robertdavidgraham/masscan )
Compiled on: Oct 16 2022 12:49:41
Compiler: gcc 4.8.5 20150623 (Red Hat 4.8.5-44)
OS: Linux
CPU: unknown (64 bits)
GIT version: 1.3.2-54-g144c527
[root@localhost ~]#
```

直接执行/opt/masscan/bin/masscan 命令可以查看 masscan 的用法。

```
[root@localhost ~]# /opt/masscan/bin/masscan
usage:
masscan -p80,8000-8100 10.0.0.0/8 --rate=10000
scan some web ports on 10.x.x.x at 10kpps
masscan --nmap
list those options that are compatible with nmap
masscan -p80 10.0.0.0/8 --banners -oB <filename>
save results of scan in binary format to <filename>
masscan --open --banners --readscan <filename> -oX <savefile>
read binary scan results in <filename> and save them as xml in <savefile>
[root@localhost ~]#
```

【实操】扫描 1~100 范围内容的端口

下面使用 masscan 快速扫描主机 192.168.209.143 中的端口，范围为 1~100。指定选项--rate 的值为 10000，这样可以每秒扫描 10000 个数据包。

```
[root@localhost ~]# /opt/masscan/bin/masscan 192.168.209.143/24 -p1-100 --rate=10000
  提高速率扫描指定范围的端口
Starting masscan 1.3.2 (http://bit.ly/14GZzcT) at 2022-10-16 05:47:39 GMT
Initiating SYN Stealth Scan
Scanning 256 hosts [100 ports/host]
Discovered open port 53/tcp on 192.168.209.2
[root@localhost ~]#
```

在扫描的过程中，扫描的速度取决于很多因素，比如操作系统、系统资源和带宽等。

【实操】将扫描结果写入文件中

用户可以将扫描结果写入文件中，然后再查看，这里将扫描结果写入 port.txt 文件中。

```
[root@localhost ~]# /opt/masscan/bin/masscan 192.168.209.143/24 -p1-100 --rate=10000 > port.txt
Starting masscan 1.3.2 (http://bit.ly/14GZzcT) at 2022-10-16 05:51:28 GMT
Initiating SYN Stealth Scan
Scanning 256 hosts [100 ports/host]
[-] Passed the wait window but still running, forcing exit...
[root@localhost ~]# cat port.txt
Discovered open port 53/tcp on 192.168.209.2
[root@localhost ~]#
```

用户可以借助 masscan 实现快速的端口扫描操作，从而第一时间发现对外开放的端口。同时，配合使用 nmap 识别这些主机中开放的端口的应用。

9.4 开源的扫描工具

通过端口扫描用户可以提前发现违规的开放端口，或者在授权端口上监听非授权的应用，从而避免这些风险，这样可以极大减少系统对外暴露的攻击面。网络上的攻击减少之后，用户可以将注意力集中到应用层面。对于众多面向互联网的应用，大部分以 Web 网站或接口的形式对外提供服务，因此有必要对 Web 漏洞进行扫描。

难度：★★★

9.4.1 Nikto

Nikto2是一款开源的Web服务器扫描器，可以对Web服务器进行多种方式的全面扫描，包括可能具有危险的文件以及版本的特定问题。它也会检查Web服务器的配置项，比如存在多个索引文件等。由于扫描项目和插件也会经常更新，因此它还支持自动更新功能。

Nikto 的主要特性

Nikto 使用 Rain Forest Puppy 的 LibWhisker 实现 HTTP 功能，并且可以检查 HTTP 和 HTTPS。同时支持基本的端口扫描以判定网页服务器是否运行在其他开放端口。Nikto2 的主要特性如下。

- 支持 SSL。
- 完全支持 HTTP 代理。
- 检查过时的服务器组件。
- 以普通文本、XML 和 HTML 等格式保存报告。
- 可以扫描服务器上的多个端口或多个服务器。
- 容易通过命令行进行更新。

9.4.2 OpenVAS

OpenVAS（开放式漏洞评估系统）具有悠久的历史，使用 Greenbone Community Feed 运行超过50000个漏洞测试。该工具是基于C/S（客户端/服务器），B/S（浏览器/服务器）架构进行工作，用户通过浏览器或者专用客户端程序来下达扫描任务，服务器端负载授权，执行扫描操作并提供扫描结果。

OpenVAS 的功能

OpenVAS 是一个包含着相关工具的网络扫描器，其核心部件是一个服务器，包括一套网络漏洞测试程序，可以检测远程系统和应用程序中的安全问题。OpenVAS 的功能如下。

- 未认证（未经身份验证）的测试和认证的测试。
- 多种高级别和低级别的互联网以行业协议。
- 针对大规模扫描的性能调优。
- 实现任何脆弱性测试的强大内部编程语言。

用户需要一种自动测试的方法，并确保正在运行一种最恰当的最新测试。OpenVAS 包括一个中央服务器和一个图形化的前端。这个服务器准许用户运行几种不同的网络漏洞测试方式，而且 OpenVAS 可以经常对其进行更新。

OpenVAS 的组件架构

从组件架构上来看，OpenVAS 主要由客户端、服务、数据和扫描目标这四种组件构成，如图 9-1 所示。

OpenVAS 默认的扫描策略

在进行脆弱性扫描时，OpenVAS 有默认配置好的策略，如表 9-3 所示。

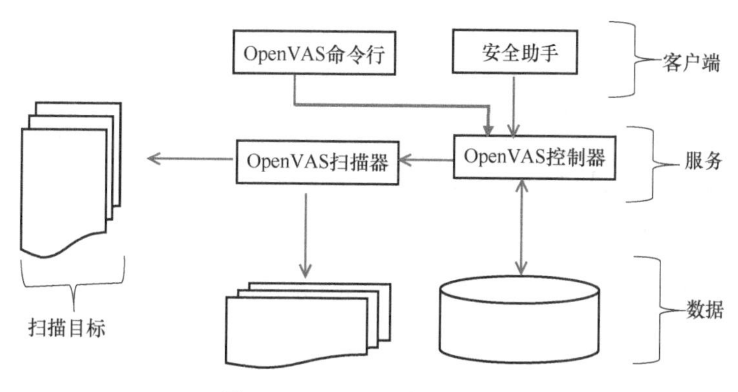

图 9-1　OpenVAS 的组件架构

表 9-3　OpenVAS 默认的扫描策略

扫描策略	说明
Discovery	只对目标系统进行发现扫描
Empty	空策略，不进行任何操作
Full And Fast	使用大部分网络脆弱性测试，根据扫描前收集的信息进行分析和优化
Full And Fast Ultimate	使用大部分网络脆弱性测试，其中包括一些可以停止服务或停止主机的测试，并根据扫描前收集的信息进行分析和优化
Full And Very Deep	使用大部分网络脆弱性测试，但是并不信任之前收集的信息
Full And Very Deep Ultimate	使用大部分网络脆弱性测试，其中包括一些可以停止服务或停止主机的测试，但是并不信任之前收集的信息
Host Discovery	主机发现
System Discovery	系统发现

经过多年的发展，OpenVAS 已成为当前很好用的开源漏洞扫描工具，功能非常强大，甚至可以与一些商业的漏洞扫描工具媲美。

9.5 【实战案例】扫描所有 UDP 端口

UDP（用户数据报协议）是一个无连接协议，传输数据之前源端和终端不建立连接，当它想传送时就简单地去抓取来自应用程序的数据，并尽可能快地将其传输到网络上。由于传输数据不建立连接，因此不需要维护连接状态，包括收发状态等。这里主要使用扫描工具扫描 UDP 端口。

难度：★★★

UDP 端口

由于 UDP 协议是非面向连接的，对 UDP 端口的探测也就不可能像 TCP 端口的探测那样依赖于连接建立过程，这也使得 UDP 端口扫描的可靠性不高。

下面扫描主机 192.168.209.143 的所有 UDP 端口，范围是 1~65535。在扫描选项中，-sU 表示进行 UDP 端口扫描。

```
[root@localhost ~]# /usr/local/nmap/bin/nmap -v -n -sU --max-retries 1 -p1-65535 192.168.209.143
Starting Nmap 7.93 ( https://nmap.org ) at 2022-09-16 12:14 CST
Initiating UDP Scan at 12:14
Scanning 192.168.209.143 [65535 ports]
Discovered open port 111/udp on 192.168.209.143
Completed UDP Scan at 12:14, 2.87s elapsed (65535 total ports)
Nmap scan report for 192.168.209.143
Host is up (0.000012s latency).
Not shown: 65530 closed udp ports (port-unreach)
PORT       STATE          SERVICE
68/udp     open|filtered  dhcpc
111/udp    open           rpcbind
828/udp    open|filtered  itm-mcell-s    <------ 扫描到的 UDP 端口
5353/udp   open|filtered  zeroconf
53853/udp  open|filtered  unknown

Read data files from: /usr/local/nmap/bin/../share/nmap
Nmap done: 1 IP address (1 host up) scanned in 2.92 seconds
           Raw packets sent: 65566 (3.165MB) | Rcvd: 131120 (8.164MB)
[root@localhost ~]#
```

UDP 和 TCP 协议的主要区别是两者在如何实现信息的可靠传递方面不同。TCP 协议中包含了专门的传递保证机制，当数据接收方收到发送方传来的信息时，会自动向发送方发出确认消息。UDP 协议并不提供数据传送的保证机制。如果在从发送方到接收方的传递过程中出现数据包的丢失，协议本身并不能做出任何检测或提示。

9.6 【专家有话说】 SQL 注入

SQL 注入是发生在 Web 程序中数据库层的安全漏洞，也是网站存在最多也最简单的漏洞。主要原因是程序对用户输入数据的合法性没有判断和处理，导致攻击者可以在 Web 应用程序中事先定义好的 SQL 语句中添加额外的 SQL 语句，在管理员不知情的情况下实现非法操作，以此来实现欺骗数据库服务器执行非授权的任意查询，从而进一步获取数据信息。

难度：★★★

SQLMap 工具

SQLMap 是一个自动化的 SQL 注入工具，其主要功能是扫描、发现并利用给定的 URL 的 SQL 注入漏洞。它是一款基于 Python 编写的渗透测试工具，在 SQL 检测和利用方面功能强大，支持多种数据库。

SQLMap 的特性

SQLMap 具有功能强大的检测引擎，针对各种不同类型数据库的渗透测试的功能选项，包括获取数据库中存储的数据，访问操作系统文件甚至可以通过外带数据连接的方式执行操作系统命令。SQLMap 的特性如下。

- 支持主流数据库，比如 MySQL、Oracle、PostgreSQL、SQL Server 和 SQLite 等。
- 支持多种 SQL 注入技术，比如基于布尔的盲注、基于时间的盲注、基于报错注入、联合查询注入和堆查询注入。
- 支持枚举用户名、密码散列、权限、数据库、表和字段。
- 支持通过提供数据库管理系统凭据、IP 地址、端口和数据库名直接连接数据库。
- 支持数据库进行提权。
- 支持完全导出数据库表，以及按照用户的选择导出一段范围的字段。
- 自动识别密码散列格式，支持使用基于字典的攻击来破解。

SQLMap 是一个开源的渗透测试工具，可以用来进行自动化检测，利用 SQL 注入漏洞，获取数据库服务器的权限。

本章主要介绍了一些扫描端口的工具，同时对端口和与其对应的应用进行了详细介绍。通过 nmap 可以进行主机发现，以及 TCP 和 UDP 端口的扫描。使用 masscan 可以扫描指定范围的端口，还可以将扫描结果写入文件中。除此之外，还介绍了几种主流的开源扫描工具。希望通过本章的学习，读者可以提升漏洞修复的技能。

知识拓展——交换分区

使用交换分区通过操作系统的调度，应用程序实际可以使用的内存空间将远远超过系统的物理内存。它的最大限制是频繁地读写硬盘，会显著降低操作系统的运行速率。使用交换分区需要明确以下几点。

- 先分区。使用之前介绍的分区命令创建一个分区作为 swap 分区。
- 格式化。格式化交换分区的命令与前面介绍的稍有不同。这里使用 mkswap 命令把分区格式化为 swap 分区。
- 启用 swap 分区。使用 swapon 命令启动这个 swap 设备。

接下来按照上面介绍的顺序逐步创建交换分区。使用 gdisk 命令创建分区的时候，由于之前已经创建了一个分区，编号为 1，所以这里使用默认的分区编号 2。然后指定交换分区的大小。使用 gdisk 命令创建分区时会默认将分区的 ID 设置为 Linux filesystem，所以需要指定一下 System ID，这里输入 8200。

```
[root@mylinux ~]# gdisk /dev/sdb
GPT fdisk (gdisk) version 1.0.3
Partition table scan:
  MBR: protective
  BSD: not present
  APM: not present
  GPT: present
Found valid GPT with protective MBR; using GPT.
Command (? for help): n
Partition number (2-128, default 2): 2
First sector (34-41943006, default = 6293504) or {+-}size{KMGTP}:
Last sector (6293504-41943006, default = 41943006) or {+-}size{KMGTP}: +1G
Current type is 'Linux filesystem'
Hex code or GUID (L to show codes, Enter = 8300): 8200
Changed type of partition to 'Linux swap'
```

输入参数 p 查看分区表的时候会发现已经成功创建了一个交换分区，也就是/dev/sdb2。在 Name 字段中可以看到 Linux swap 字样。之后就可以输入参数 w 保存并退出 gdisk 程序了。

```
Command (? for help): p
Disk /dev/sdb: 41943040 sectors, 20.0 GiB
Model: VMware Virtual S
Sector size (logical/physical): 512/512 bytes
Disk identifier (GUID): 110A707F-BF34-44A1-8600-B6DD6AAC4E6A
Partition table holds up to 128 entries
Main partition table begins at sector 2 and ends at sector 33
First usable sector is 34, last usable sector is 41943006
Partitions will be aligned on 2048-sector boundaries
Total free space is 33554365 sectors (16.0 GiB)
Number Start (sector) End (sector) Size Code Name
   1        2048        6293503    3.0 GiB     8300   Linux filesystem
   2        6293504 8390655   1024.0 MiB 8200   Linux swap
Command (? for help): w
Final checks complete. About to write GPT data. THIS WILL OVERWRITE EXISTING
PARTITIONS!!
Do you want to proceed? (Y/N): Y
OK; writing new GUID partition table (GPT) to /dev/sdb.
The operation has completed successfully.
```

接着使用 mkswap 命令格式化交换分区。在使用 swap 分区之前可以先使用 free 命令查看内存和 swap 分区的使用情况。

```
[root@mylinux ~]# mkswap /dev/sdb2
Setting up swapspace version 1, size = 1024 MiB (1073737728 bytes)
no label, UUID=9aa4db8d-8173-4fc5-b260-3bf9b8cce272
[root@mylinux ~]# free
          total      used      free      shared     buff/cache     available
Mem:      1849464    1132908 111444    15256      605112         536864
Swap:     2097148    844       2096304
```

下面解释一下通过 free 看到的字段含义。

- total：指系统总体可用物理内存和交换分区的大小。
- used：指已经使用的容量。
- free：指空闲的容量。
- shared：指进程共享的物理内存的容量。
- buff/cache：指被 buffer 和 cache 使用的物理内存大小。
- available：指还可以被应用程序使用的物理内存大小。

Mem 这一行显示的是内存的使用情况，Swap 这一行显示的是交换分区的使用情况。通过执行 free 命令，可以看到交换分区总的大小是 2097148。下面使用 swapon 命令加载新的 swap 分区，然后再使用 free 命令观察 swap 分区的 total 字段。

```
[root@mylinux ~]# swapon /dev/sdb2
[root@mylinux ~]# free
      total   used    free    shared   buff/cache   available
Mem:  1849464 1134860 108856  15264    605748       534852
Swap: 3145720 844     3144876
```

再次执行 free 命令后的 swap 分区总容量由之前的 2097148 变成了现在的 3145720，这里的容量单位是 KB。如果想关闭新加入的 swap 分区，可以使用 swapoff 命令，比如 swapoff /dev/sdb2。

上面是手动加载 swap 分区的方式，如果想让 swap 分区在开机之后依然生效，需要修改/etc/fstab 文件。使用 vim 编辑器可以修改文件的内容，执行 vim /etc/fstab 命令就能打开/etc/fstab 文件，然后按 i 键进入插入模式修改文件。在文件的最后一行加入如下内容，然后按 Esc 键输入参数 wq 保存并退出。

```
/dev/sdb2          swap          swap    defaults    0 0
```

Chapter

10

有“备”无患

为了保障生产、开发的正常运行，企业应该采取先进并有效的措施对数据进行备份。为了防止个人重要文件和信息的丢失，我们也应该对重要数据进行备份，这些都是重要的网络安全防范措施。

10.1 定时任务

任务就是在一个命令行上执行的处理单位，如果存在多个进程，那么会将这些进程看成是一项任务。在 Linux 系统中执行某些操作时，有时需要将当前任务暂停调至后台，有时需要将后台暂停的任务重启调至前台，有时需要定时执行一些任务。在 Linux 系统中，通常使用定时任务调度备份计划。

难度：★★

10.1.1 本地定时任务

crontab 是 Linux 系统中用于配置本地定时任务的工具，它需要 crond 服务的支持，是 Linux 中用来周期性地执行某种任务或等待处理某些事件的一个守护进程，和 Windows 中的计划任务有些类似。

使用 crond 搜索定时任务的位置

Linux 系统默认安装 crond 服务工具，并且该服务默认就是启动的。crond 会在指定位置搜索定时任务，位置如表 10-1 所示。

表 10-1 使用 crond 搜索定时任务的位置

位　置	说　明
/var/spool/cron	该目录下存放的是用户的定时任务。任务以创建者的名字命名，一般一个用户最多只有一个定时任务文件
/etc/crontab	该目录负责安排由 root 制定的维护系统及其他任务
/etc/cron.d	该目录用来存放系统要执行的定时任务文件或脚本
/etc/cron.hourly	该目录用来存放每小时执行的定时任务
/etc/cron.daily	该目录用来存放每天执行的定时任务
/etc/cron.weekly	该目录用来存放每周执行的定时任务
/etc/cron.monthly	该目录用来存放每月执行的定时任务

在实践中，建议将非系统定时任务放在目录/var/spool/cron 中，这样标准化的配置更容易理解和排错。

【实操】编辑定时任务

使用 crontab -e 命令编辑新的定时任务，设置在每天早上 9 点运行/root/bin/backup.sh。

```
[root@localhost ~]#crontab -e
0 9 * * * /root/bin/backup.sh
```

如果需要在工作日（周一到周五）23 点 59 分进行备份工作，可以进行如下设置。

```
[root@localhost ~]#crontab -e
59 23 * * 1,2,3,4,5 /root/bin/backup.sh
```

【实操】验证 crond 是否运行

如果遇到 crond 不执行命令的情况，可以看一下该服务是否在运行。active（running）表示 crond 在运行状态。

```
[root@localhost ~]#systemctl status crond
  crond.service - Command Scheduler
  Loaded: loaded (/usr/lib/systemd/system/crond.service; enabled; vendor preset: enabled)
  Active:active (running)since Sat 2022-10-15 09:41:16 CST; 1 day 9h ago
 Main PID: 1382 (crond)
    Tasks: 1
  CGroup: /system.slice/crond.service
          └──1382 /usr/sbin/crond -n
……省略……
```

有时候环境变量 PATH 不完整导致命令找不到或者脚本没有权限都有可能会产生 crond 不执行命令的情况。

10.1.2　分布式定时任务

分布式任务调度框架几乎是每个大型应用必备的工具，这是一种把分散的、可靠性差的计划任务纳入统一的平台，并实现集群管理调度和分布式部署的定时任务管理方式。

下面介绍的 crontab 是本地定时任务的工具，Jenkins 是用于分布式定时任务的工具，都是常用的任务调度工具。

面临的挑战

当大规模使用本地定时任务 crontab 时，可能会面临的挑战如表 10-2 所示。

表 10-2　面临的挑战

挑　战	说　明
缺少可视化	如果要查看运行在 crontab 上的任务，需要定位运行的服务器
无法查看日志	任务运行记录日志会以日志文件的形式保存在服务器上，如果生产环境发生错误，其他团队的开发者想查看日志文件会变得非常麻烦
不可靠	运行在 crontab 上的任务其守护程序 crond 需要一直保持运行状态。为了更高的可靠性，守护进程必须时刻处于被监视的状态
脚本文件不在源代码控制系统中	在定时任务 crontab 中运行的脚本通常是没有被放入源代码控制系统中的，如果承载定时任务的主机崩溃了，那么这些脚本也就丢失了

在面临大规模使用本地定时任务的环境下，需要考虑使用分布式定时任务系统配置重复性任务，特别是与备份相关的任务。

Jenkins 调度任务的优点

Jenkins 常用于自动化构建系统和发布系统中，借助其自动化调度能力，可以将它作为分布式定时任务系统来使用。使用 Jenkins 调度周期性任务的优点如表 10-3 所示。

表 10-3 Jenkins 调度周期性任务的优点

优 点	说 明
高度可视化	可以将类似的任务放在一个视图中展示出来，极大地方便了归类、汇总和组织
访问日志容易	凭借 Jenkins 的权限控制机制，管理员可以方便地把定时任务的输出日志访问权限授予不同的角色，而不用为用户登录实际服务器授权
可靠	由于将定时任务集中在了 Jenkins 服务器上，对定时任务的监控需求会变得非常小，只要关注 Jenkins 服务器的执行情况即可
方便集成	方便与源代码控制系统集成，保证在每个服务器上执行的定时任务脚本是最新的和可追溯的

实际项目中涉及分布式任务的业务场景非常多，这就使得用户的定时任务系统应该是集管理、调度、任务分配和监控预警为一体的综合调度系统。

10.2 备份存储

一般在设计备份方案时，需要考虑备份存储位置的合理性。备份的存储位置主要分为本地备份、远程备份和离线备份。这里一一对它们进行介绍。

难度：★★

10.2.1 本地备份存储

本地备份存储就是将备份后产生的文件存储在本地机房基础设施的存储介质中。这也是备份系统中首先需要考虑和实现的一点。

本地备份存储系统的选择

数据备份系统应该至少提供本地数据备份与恢复的功能。一般本地备份存储系统的选择如表 10-4 所示。

表 10-4 本地备份存储系统的选择

选 择	说 明
直连式存储（DAS）	将存储设备通过总线接口直接连接到一台服务器上。这种存储购置成本低、配置简单，对中小型企业比较有吸引力

（续）

选　　择	说　　明
网络接入存储（NAS）	直接连接到以太网的存储器，以标准网络文件系统接口向客户端提供文件服务
存储区域网络（SAN）	存储区域网络是一种高速的、专门用于存储操作系统的网络，通常独立于服务器局域网。它将主机和存储设备连接到一起，可以为任意一台主机和存储设备提供专用的通信通道
分布式文件系统（DFS）	由多台协同合作的单机存储系统组成的、统一向外部提供文件存取服务的系统。常用于备份系统的分布式文件系统包括 Hadoop 分布式文件系统和 Ceph，都支持副本模式和消除编码模式

10.2.2　远程备份存储

远程备份存储是指将备份后的文件存储在异地机房或第三方提供的文件存储设备中，这对于提高极端情况下数据恢复的能力有极大的帮助。

wput 的主要特点

用户可以使用 wput 进行远程备份，它是一个像 wget 一样可移植的 FTP 客户端命令行工具。wget 可以用于下载文件，而 wput 可以用于上传文件，主要特点如下。

- 支持 TLS 加速。
- 支持通过代理使用。
- 兼容 Windows。
- 限速，可以连续传输。

10.2.3　离线备份

本地备份存储和远程备份存储的存储方式都是在线存储的，也就是可以通过网络直接上传和下载管理备份后的文件。这种方式的优点就是存取方便，但是缺点也是显而易见的。由于在线备份存储是基于网络的，就有可能会因为被入侵或误操作等导致备份数据丢失。在线备份底层使用的硬盘会随着时间的推演而老化，从而导致故障率增加，不适合长期存储。

在对数据备份存储要求比较高的情况下，应该使用离线备份存储作为在线备份存储的补充。

离线备份的优点

离线备份存储系统一般由磁带和磁带机组成，优点如下。

- 磁带备份技术成熟，可以经受时间的考验。
- 容量大、成本低，可以有效节约成本。对于有大容量需求的用户来讲，采用磁带进行数据备份可以有效节约成本支出。
- 使用磁带保存数据对于离线保存来说更安全，可以支持业务的连续性。
- 磁带保存时间长，一般可以稳定存储 10 年以上，是进行数据归档和数据长期保存的理想介质。

10.3 数据备份

数据备份是容灾的基础，指为防止系统出现操作失误或系统故障导致数据丢失，而将全部或部分数据集合从应用主机的硬盘或阵列复制到其他存储介质的过程。随着技术的不断发展，数据的海量增加，不少企业开始采用多种备份方式。

难度：★★

10.3.1 备份文件系统

如果想尝试备份文件系统中的数据，比如xfs文件系统，就使用xfsdump命令。如果用户想使用该命令备份文件系统，一定要确保该文件系统是挂载状态。使用该命令执行备份操作时，需要root权限。

【实操】完整备份文件系统

在备份文件系统时先确定备份文件系统的位置，然后执行xfsdump命令开始备份/data/xfs。

```
[root@localhost ~]# mount /dev/sdb1 /data/xfs
[root@localhost ~]# df -h /data/xfs
Filesystem      Size  Used Avail Use% Mounted on
/dev/sdb1       3.0G  55M  3.0G  2% /data/xfs
[root@localhost ~]# xfsdump -l 0 -L dump_sdb1 -M sdb1_d -f /srv/sdb1_xfs.dump /data/xfs
xfsdump: using file dump (drive_simple) strategy
xfsdump: version 3.1.8 (dump format 3.0) - type ^C for status and control
xfsdump: level 0 dump of studylinux.com:/data/xfs    ←开始备份/data/xfs
xfsdump: dump date: Thu Oct 29 10:12:30 2020
xfsdump: session id: 11891393-bc06-40c4-9861-8aa91dc9b3e5    ←此次备份的ID
xfsdump: session label: "dump_sdb1"    ←session label的名称
xfsdump: ino map phase 1: constructing initial dump list
xfsdump: ino map phase 2: skipping (no pruning necessary)
xfsdump: ino map phase 3: skipping (only one dump stream)
xfsdump: ino map construction complete
xfsdump: estimated dump size: 407104 bytes
xfsdump: creating dump session media file 0 (media 0, file 0)
xfsdump: dumping ino map
xfsdump: dumping directories
xfsdump: dumping non-directory files
xfsdump: ending media file
xfsdump: media file size 413440 bytes
xfsdump: dump size (non-dir files) : 389800 bytes
xfsdump: dump complete: 10 seconds elapsed
xfsdump: Dump Summary:
xfsdump:   stream 0 /srv/sdb1_xfs.dump OK (success)
xfsdump: Dump Status: SUCCESS    ←完成备份
```

备份完成后，会建立/srv/sdb1_xfs.dump 文件，这里的文件将整个/data/xfs 都备份下来了。备份等级被记录为 level 0，这种和备份相关的信息都会被记录在/var/lib/xfsdump/inventory 中。

【实操】增量备份数据

要想体现增量备份和完整备份的差别，需要在/data/xfs 中新增一些数据。在进行新增备份时，-l 选项后面需要指定数字 1，-L 和-M 选项后面分别指定不同的名称（-L 指定名称为 dump2，-M 指定名称为 d2），-f 后面指定一个新的文件名称。

```
[root@localhost ~]#xfsdump -l 1 -L dump2 -M d2 -f /srv/sdb1_xfs.dump1 /data/xfs
xfsdump: using file dump (drive_simple) strategy
xfsdump: version 3.1.8 (dump format 3.0) - type ^C for status and control
xfsdump: level 1 incremental dump of studylinux.com:/data/xfs based on level 0 dump begun Thu Oct 29 10:12:30 2020
xfsdump: dump date: Thu Oct 29 11:03:02 2020
xfsdump: session id: 86a04ac6-58dc-4ae2-a441-dca31ff634d4
xfsdump: session label: "dump2"
xfsdump: ino map phase 1: constructing initial dump list
......(中间省略)......
xfsdump:  stream 0 /srv/sdb1_xfs.dump1 OK (success)
xfsdump: Dump Status: SUCCESS
```

【实操】查看两次备份的信息

备份了两次，分别是完整备份和新增备份。在产生的两个备份文件中，第二个文件/srv/sdb1_xfs.dump1 明显比第一个文件/srv/sdb1_xfs.dump 的容量小。

```
[root@localhost ~]# ll /srv/sdb1_xfs.dump*
-rw-r--r--. 1 root root 413440 Oct 29 10:12 /srv/sdb1_xfs.dump
-rw-r--r--. 1 root root  87664 Oct 29 11:03 /srv/sdb1_xfs.dump1
[root@localhost ~]# xfsdump -I
file system 0:
    fs id:b0ba79ae-eaca-4637-998e-d7ed238f9560
    session 0: ◄------ 第一次完整备份的信息
        mount point:studylinux.com:/data/xfs
        device:     studylinux.com:/dev/sdb1
        time:       Thu Oct 29 10:12:30 2020
        session label:"dump_sdb1"
        session id:11891393-bc06-40c4-9861-8aa91dc9b3e5
        level:0
......(中间省略)......
                media label:"sdb1_d"
                media id:d0d8fe3b-fb4b-4c84-9049-ee48c336f66c
    session 1: ◄------ 第二次新增备份的信息
        mount point:studylinux.com:/data/xfs
        device:     studylinux.com:/dev/sdb1
        time:       Thu Oct 29 11:03:02 2020
        session label:"dump2"
```

```
        session id:86a04ac6-58dc-4ae2-a441-dca31ff634d4
        level:1
        resumed:NO
        subtree:NO
        streams:1
        stream 0:
            pathname:    /srv/sdb1_xfs.dump1
            start:    ino 135 offset 0
            end:    ino 136 offset 0
            interrupted:NO
            media files:1
            media file 0:
                mfile index:0
                mfile type:data
                mfile size:87664
                mfile start:ino 135 offset 0
                mfile end:ino 136 offset 0
                media label:"d2"
                media id:af98e4a3-913b-419d-b255-878414fb17bb
xfsdump: Dump Status: SUCCESS
```

使用这种方式就可以只备份有差异的数据部分，从而节省了存储空间。这样也有利于用户后续执行对文件系统的恢复操作。

10.3.2 恢复数据

数据备份之后如果必要时可以将其恢复。使用xfsrestore命令可以恢复系统的重要数据。而使用xfsdump备份的文件系统则只能通过xfsrestore命令进行解析。因为xfsdump和xfsrestore命令都会用到/var/lib/xfsdump/inventory中的数据，所以它们的-I选项输出的内容也是相同的。

【实操】恢复完整备份数据

在恢复备份数据时，先从备份等级为0的数据开始（完整备份数据），即从level 0的数据开始恢复。-f选项后面指定的/srv/sdb1_xfs.dump文件是完整备份时生成的那个文件，-L选项后面指定的是level 0的session label的名称dump_sdb1。

```
[root@localhost ~]#xfsrestore -f /srv/sdb1_xfs.dump -L dump_sdb1 /data/xfs
xfsrestore: using file dump (drive_simple) strategy
xfsrestore: version 3.1.8 (dump format 3.0) - type ^C for status and control
xfsrestore: using online session inventory
xfsrestore: searching media for directory dump
xfsrestore: examining media file 0
xfsrestore: reading directories
xfsrestore: 1 directories and 4 entries processed
xfsrestore: directory post-processing
xfsrestore: restoring non-directory files
xfsrestore: restore complete: 0 seconds elapsed
xfsrestore: Restore Summary:
```

```
xfsrestore:  stream 0 /srv/sdb1_xfs.dump OK (success)
xfsrestore: Restore Status: SUCCESS
```

用户也可以将备份数据恢复到其他目录下，比如恢复到一个新建的目录中。

有效的数据备份是保障业务连续的关键，有时甚至是最后一根救命稻草。

10.4 【实战案例】压缩指定的文件

压缩技术可分为通用无损数据压缩与有损压缩两大类，但不管是采用何种技术模型，其本质内容都是一样的，即都是通过某种特殊的编码方式将数据信息中存在的重复度、冗余度有效地降低，从而达到数据压缩的目的。

难度：★★

归整数据

Linux 提供的 tar 命令可以将多个文件打包在一起。打包后的文件支持使用 gzip、bzip2 和 xz 命令进行压缩。tar 命令本身不具有压缩功能，它是调用支持压缩功能的命令实现压缩文件效果的。

【实操】备份/etc 目录下的文件

下面以/etc 目录中的数据为例，使用-jpcv 选项和-f 选项进行备份。在备份的过程中，出现了警告信息，意思是提示删除了文件名开头的/。

```
[root@localhost ~]# tar -jpcv -f etc.tar.bz2 /etc
tar: Removing leading '/' from member names
/etc/
/etc/mtab
/etc/fstab
......(中间省略)......
/etc/hostname
/etc/sudo.conf
/etc/locale.conf
```

如果不去掉/，解压缩后的文件就是绝对路径，这些文件会被放到/etc 目录中，这样就替换了原来/etc 目录中的数据。特别是当这些旧数据替换了/etc 目录中的新数据时，所受的损失就很大了。

解压缩数据

下面将压缩好的 etc.tar.bz2 文件解压缩到/tmp/etc 目录中。解压缩的时候需要明确解压缩的目录，这个目录需要提前创建好。

```
[root@localhost ~]# tar -jxv -f etc.tar.bz2 -C /tmp/etc
etc/
etc/mtab
etc/fstab
......(中间省略)......
etc/hostname
etc/sudo.conf
etc/locale.conf
```

我们可以看到解压缩后的文件没有在根目录下（即不会覆盖根目录下的原有数据）。使用这种方式，备份的文件就会在这个指定的目录下进行解压缩操作。

10.5 【专家有话说】数据备份和恢复

备份和恢复是存储和创建数据副本的过程，可用于保护系统免受数据丢失的损失。从备份中恢复涉及将数据还原到原始位置或备用位置，以用于替代丢失或损坏的数据。通过备份副本，可以从较早的时间点还原数据，以帮助企业从计划外事件中恢复。

难度：★★

数据备份和恢复的指标

只要发生数据传输、数据存储和数据交换，就有可能产生数据故障。这时如果没有采取数据备份和数据恢复手段，则会导致数据丢失。有时候，数据的丢失对企业造成的损失是非常严重的。在很多安全规范指南中也特别强调了数据备份的重要性。

备份恢复过程中的关键指标

虽然企业对业务的连续性要求比较高，但还是无法避免故障的发生。一旦出现故障就需要启动数据备份恢复机制，从而保障业务的连续性。在备份恢复的过程中，有两个主要的指标，如表 10-5 所示。

表 10-5 备份恢复的两个主要指标

指　标	说　明
恢复时间目标（RTO）	主要指的是从故障发生到业务恢复服务所需的最短时间。恢复时间目标的值越小，表示系统的数据恢复能力越强。通过建设冗余备份系统可以有效地减少恢复时间，不过这种方式会造成成本增加
恢复点目标（RPO）	主要指的是业务系统能容忍的数据丢失量。如果将恢复点目标设置得比较小，就需要设置较短的备份周期。如果将该指标设置为 0，就需要构建实时同步的复制机制，或者通过数据双写的方式来实现

数据备份和恢复的相关内容是保证业务连续性的关键。本章首先介绍了与备份相关的定时任务，包括本地定时任务和分布式定时任务。然后介绍了三种备份存储，分别是本地备份、远程备份和离线备份。最后对文件系统中的数据备份和恢复操作进行了详细介绍。

知识拓展——lsof 与进程

通过 lsof（list opened files）命令，用户可以根据文件找到对应的进程信息，也可以根据进程信息找到进程打开的文件。

下面使用 lsof 命令与 more 命令组合，查询系统中所有进程调用的文件。这个命令的输出结果非常多，它会按照 PID 从 1 号进程开始列出系统中所有的进程正在调用的文件名。

```
[root@localhost ~]#lsof |more
COMMAND     PID  TID          USER  FD      TYPE            DEVICE  SIZE/O
FF       NODE NAME
systemd       1               root  cwd      DIR                8,3      2
24         64 /
systemd       1               root  rtd      DIR                8,3      2
24         64 /
systemd       1               root  txt      REG              8,3  16329
60  34405575 /usr/lib/systemd/systemd
systemd       1               root  mem      REG                8,3    200
64    161488 /usr/lib64/libuuid.so.1.3.0
systemd       1               root  mem      REG                8,3   2655
76    1100043 /usr/lib64/libblkid.so.1.1.0
systemd       1               root  mem      REG                8,3    901
60    161480 /usr/lib64/libz.so.1.2.7
systemd       1               root  mem      REG                8,3    1574
40    161552/usr/lib64/liblzma.so.5.2.2
systemd       1               root  mem      REG                8,3    239
68    161546 /usr/lib64/libcap-ng.so.0.0.0
systemd       1               root  mem      REG                8,3    198
96    161734 /usr/lib64/libattr.so.1.1.0
systemd       1               root  mem      REG                8,3    192
48    369112 /usr/lib64/libdl-2.17.so
--More--
```

在 lsof 命令后面指定文件，可以查看哪些进程调用了此文件。这里可以看到/var/log/httpd/access_log 文件被 httpd 相关进程调用。

```
[root@localhost ~]#lsof /var/log/httpd/access_log
COMMAND  PID  USER   FD  TYPE DEVICE SIZE/OFF     NODE NAME
httpd   3226  root    7w  REG    8,3    0 18488992 /var/log/httpd/access_log
httpd   3227 apache   7w  REG    8,3    0 18488992 /var/log/httpd/access_log
httpd   3228 apache   7w REG    8,3    0 18488992 /var/log/httpd/access_log
httpd   3229 apache   7w  REG    8,3    0 18488992 /var/log/httpd/access_log
httpd   3231 apache   7w  REG    8,3    0 18488992 /var/log/httpd/access_log
httpd   3232 apache   7w  REG    8,3    0 18488992 /var/log/httpd/access_log
[root@localhost ~]#
```

用户也可以查看某个进程都调用了哪些文件，这里以httpd进程为例。使用-c选项可以查询以某个字符串开头的进程调用的所有文件，会查询出以httpd开头的进程调用的所有文件。

```
[root@localhost ~]#lsof -c httpd |more
COMMAND  PID  USER  FD       TYPE             DEVICE SIZE/OFF     NODE NAME
httpd  3226  rootcwd      DIR              8,3      224       64 /
httpd  3226  root  rtd      DIR              8,3      224       64 /
httpd  3226  root  txt      REG              8,3 523712  3792391 /usr
/sbin/httpd
httpd  3226  root  mem      REG              8,3   61560  369124 /usr
/lib64/libnss_files-2.17.so
httpd  3226  root  mem      REG              8,3   27720  3498012 /usr
/lib64/httpd/modules/mod_cgi.so
httpd  3226  root  mem      REG              8,3   68192  161563 /usr
/lib64/libbz2.so.1.0.6
httpd  3226  root  mem      REG              8,3 157440  161552 /usr
/lib64/liblzma.so.5.2.2
httpd  3226  root  mem      REG              8,3   99944  161627 /usr
/lib64/libelf-0.176.so
httpd  3226 root  mem      REG              8,3   19896  161734 /usr
/lib64/libattr.so.1.1.0
httpd  3226  root  mem      REG              8,3   88720       85 /usr
/lib64/libgcc_s-4.8.5-20150702.so.1
httpd  3226  root  mem      REG              8,3338672  1450833 /usr
/lib64/libdw-0.176.so
httpd  3226  root  mem      REG              8,3   20048  161738 /usr
--More--
```

Chapter 11

给系统“看病”

在安全防御体系中，入侵检测系统提供了不可或缺的监控能力，也就是对黑客入侵过程或入侵后行为的监控和报警。如果缺少有效的入侵检测手段，则会让黑客有足够的时间扩大入侵范围。

11.1 入侵检测

在一些安全体系和标准中特别强调了入侵检测系统的重要作用，如果缺少了则会对企业的信息安全代理产生很大的安全隐患。如果系统被黑客入侵后而没有检测出来，将会导致重要的生产服务器遭受破坏。

难度：★★

11.1.1 IDS 和 IPS

IDS（入侵检测系统）会按照设定好的安全策略，通过软件、硬件，对网络和系统的运行状况进行监视，尽可能早地发现各种攻击企图、攻击行为或者攻击结果，以便保证网络资源的机密性、完整性和可用性。按照部署位置的不同，IDS 分为 NIDS（基于网络的入侵检测系统）和 HIDS（基于主机的入侵检测系统）。

IPS（入侵防御系统）是对防病毒软件和防火墙的补充，位于防火墙和网络的设备之间。IPS 会在遭到攻击前做好预防阻止攻击的发生。IDS 属于被动检测，存在于网络之外起到预警的作用，而不是在网络前面起到防御的作用。

IDS 和 IPS 的主要区别

IDS 和 IPS 都与系统防护相关，主要区别如表 11-1 所示。

表 11-1 IDS 和 IPS 的主要区别

区　别	IDS	IPS
部署位置	通常采用旁路接入，在网络中的位置一般选择尽可能靠近攻击源，同时尽可能靠近受保护资源。这些位置通常是在服务器区域的交换机上、Internet 接入路由器滞后的第一台交换机上，以及重点保护网段的局域网交换机上	通常采用 Inline 接入，在办公网络中至少需要在以下区域部署办公网与外部网络的连接部位：入口/出口、重要服务器集群前端、办公网内部接入层
工作机制	主要针对已发生的攻击事件或异常行为进行处理，属于被动防护	针对攻击事件或异常行为可提前感知及预防，属于主动防护

IPS 的阻断方式较 IDS 更为可靠，可以中断拦截 UDP 会话，也可以做到确保符合签名规则的数据包不漏发到被保护区域。IPS 致命的缺点是在同样硬件配制的情况下，性能比 IDS 低得多。

11.1.2 商业主机入侵检测

主机入侵检测系统（HIDS）部署在独立的主机上，为主机提供入侵检测功能和服务。商业主机入侵作为开源解决方案的补充，对于运维和人力资源比较紧张、无法使用开源解决方案或希望获取商业支持的用户来说，采取这种方式是一个比较好的选择。

几种商业 HIDS 解决方案

HIDS（基于主机型入侵检测系统）在每个需要保护的主机上运行代理程序，以主机的审计数据、系统日志和应用程序日志等为数据源，主要对主机的网络实时连接以及主机文件进行分析和判断，发现可疑事件并产生响应。下面是几种商业 HIDS 解决方案，如表 11-2 所示。

表 11-2　几种商业 HIDS 解决方案

解决方案	说明
青藤云	青藤云以服务器安全为核心，采用自适应安全架构，其中重要的组成部分就是入侵检测，重要的功能特性有资产清点、风险发现、入侵检测和安全日志等
安全狗	安全狗提供专业的云安全服务，为企业提供安全有力的保障。因为该系统中的各个模块联动，模块间的数据连通形成闭环，所以会对主机产生全方位的安全防护
安骑士	安骑士支持自动化实时入侵威胁检测、病毒查杀和漏洞智能修复等功能

安骑士的 Agent（软件）不但可以在阿里云的云主机上安装，在非阿里云的服务器上同样也可以部署。

11.1.3　Kippo

Kippo 是一款很强大的 SSH 蜜罐工具，有很强的互动性，会记录黑客执行的全部 Shell。企业使用蜜罐技术后，可以同时对内部人员和外部黑客的攻击进行报警。蜜罐一旦设置好，不需要维护。

部署蜜罐

当黑客非法入侵获取服务器权限后，很可能会在同网段进行大范围的端口探测，以便获取更多的控制权。部署内网 SSH 蜜罐，可以将攻击者引入其中，触发实时警告，让管理人员获知已经有攻击者进入内部和哪台服务器受到了攻击，就连攻击者在蜜罐上执行了什么操作也会知道。蜜罐部署如图 11-1 所示。

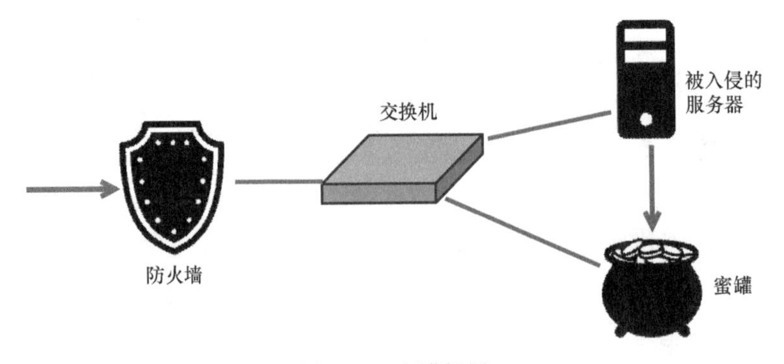

图 11-1　蜜罐部署

【实操】安装 Kippo

以 root 权限安装依赖包，然后创建 Kippo 同名用户和用户组。

```
yum -y install gcc python-devel python-pip
pip install twisted==15.2.0
pip install pycrypto
pip install pyasnl
```

通过 su 切换到 Kippo 用户执行下载源码包并进行配置。

```
su - kippo
cd /kippo
git clone https://github.com/desaster/kippo
cdkippo/
cpkippo.cfg.dist kippo.cfg
```

接下来执行./start.sh，如果出现以下结果就表示启动成功。

```
[root@localhost ~]# ./start.sh    ◄------ 启动 Kippo
twistd (the Twisted daemon) 15.2.0
Copyright (c) 2001-2015 Twisted Matrix Laboratories.
See LICENSE for details.
Startingkippo in the background...
……省略……
Generating new RSAkeypair...
Done.
Generating new DSAkeypair...
Done.
```

如果 Kippo 捕获到 SSH 暴力尝试登录或已经登录会将日志记录在/kippo/kippo /log/kippo.log 中。将成功登录的会话内容记录在/kippo/kippo/log/tty 目录中。

【实操】Kippo 捕获

在另一台服务器进行模拟登录，这里指定了端口号。

```
[root@localhost ~]# ssh root@192.168.52.132 -p 2222
The authenticity of host '[192.168.52.132]:2222 ([192.168.52.132]:2222)' can't be established.
RSA key fingerprint is SHA256:sjoer+4SI5IuO/DkAPyC1nmWS6+dOs4X2KP4Ejsju9Y.
RSA key fingerprint is MD5:d1:54:67:01:fe:d5:a9:f7:52:20:48:28:55:22:07:b2.
Are you sure you want to continue connecting (yes/no)? yes
Warning: Permanently added '[192.168.52.132]:2222' (RSA) to the list of known hosts.
Password:
root@xwq:~#
```

之后进入蜜罐进行查看，输出的就是 kippo.log 文件中的记录内容。

```
[kippo@localhost log]$cat kippo.log    ◄------ 查看记录内容
2022-09-17 16:55:08+0800 [-] Log opened.
2022-09-17 16:55:08+0800 [-]twistd 15.2.0 (/usr/bin/python2 2.7.5) starting up.
2022-09-17 16:55:08+0800 [-] reactor class: twisted.internet.epollreactor.EPollReactor.
2022-09-17 16:58:45+0800 [-] New connection: 192.168.52.133:46858 (192.168.52.132:2222) [session: 0]
```

```
2022-09-17 16:58:45+0800 [-] Remote SSH version: SSH-2.0-OpenSSH_7.4
2022-09-17 16:58:45+0800 [HoneyPotTransport,0,192.168.52.133]kex alg, key alg: diffie-hellman-group-exchange-sha1 ssh-rsa
HoneyPotTransport,0,192.168.52.133] root trying auth keyboard-interactive
2022-09-17 16:58:55+0800 [-] login attempt [root/123456] succeeded
2022-09-17 17:00:29+0800 [-] CMD: cd /
2022-09-17 17:00:29+0800 [-] Command found: cd /
```

11.2 检查病毒木马

木马病毒是计算机黑客用于远程控制计算机的程序，将控制程序寄生在目标计算机中，对被感染木马病毒的计算机实施操作。一般的木马病毒程序主要是寻找计算机后门，伺机窃取被控制计算机中的密码和重要文件等。木马病毒具有很强的隐蔽性，可以根据黑客意图突然发起攻击。

难度：★★

11.2.1 Rootkit 介绍

Rootkit 是一组计算机软件合集，通常是恶意的，其目的就是在非授权的情况下获取系统的最高权限访问计算机。与病毒木马不同的是，Rootkit 会试图隐藏自身防止被发现，从而达到长期入侵的目的。Rootkit 和病毒木马一样，都会对系统产生很大的威胁。

Rootkit 的类型

Rootkit 主要分为用户态和内核态两种类型，具体介绍如表 11-3 所示。

表 11-3 Rootkit 的类型

类　型	说　明
用户态	一般通过覆盖系统二进制文件和库文件实现。它不依赖内核，需要为特定的平台而编译，有可能直接在现有进程中加载恶意模块实现隐藏
内核态	通过可加载内核模块将恶意代码直接加载到内核中。这种更加隐蔽，更难以检测，通常包含后门

通过可加载内核模块，可以在运行时动态地更改 Linux。动态更改是指将新功能加载到内核或从内核中除去某个功能。

11.2.2 检测 Rootkit

Chkrootkit 为一款用来监测 Rootkit 是否被安装在当前系统中的工具。它能针对系统可能的漏洞以及已经被入侵的部分进行分析，但是并没有防止入侵的功能。

另一款检测 Rootkit 的工具是 Rkhunter（Rootkit 狩猎者），具有非常全面的扫描范围，除了能够检测各种已知的 Rootkit 特征码以外，还支持端口扫描、常用程序文件的变动情况检查。

Chkrootkit 包含的文件

Chkrootkit 的官方网站是 http：//www.chrootkit.org。它是一个小巧好用的检测工具，包含的文件如表 11-4 所示。

表 11-4　Chkrootkit 包含的文件

包含的文件	说　明
chkrootkit	是一个 Shell 脚本，用于检查系统二进制文件是否被 Rootkit 修改
ifpromisc.c	检查端口是否处于混杂模式
chklastlog.c	检查 lastlog 是否被删除
chkwtmp.c	检查 wtmp 是否被删除
chkdirs.c	检查可加载内核模块木马的痕迹
strings.c	便于字符串的替换
chkutmp.c	检查 utmp 是否被替换

【实操】安装并执行 Chkrootkit

先安装 Chkrootkit 工具，再执行 chkrootkit 命令进行检测。

```
[root@localhost opt]# rpm -ivh chkrootkit-0.47-1.i386.rpm
Preparing...                    ################################### [100%]
Updating / installing...
  1:chkrootkit-0.47-1           ################################### [100%]
[root@localhost opt]# chkrootkit  ◄------ 开始检测
ROOTDIR is `/'
Checking `amd'... not found
Checking `basename'... not infected
Checking `biff'... not found
Checking `chfn'... not infected
Checking `chsh'... not infected
Checking `cron'... not infected
Checking `crontab'... not infected
……省略……
[root@localhost opt]#
```

下面是输出结果中包含的一些主要字段含义，如表 11-5 所示。

表 11-5　主要字段含义

字　段	说　明
INFECTED	检测出可能被已知 Rootkit 修改过的命令
not found	要检测的命令对象不存在
not infected	未检测出任何已知的 Rootkit 指纹
not tested	未执行测试
Vulnerable but disabled	命令虽然被感染，但是没有在使用中

【实操】安装 Rkhunter

先获取 Rkhunter 的安装源码，然后解压 Rkhunter 的源码包，进入解压缩后的目录即可开始安装。

```
[root@localhost opt]#wget http://jaist.dl.sourceforge.net/project/rkhunter/ rkhunter/1.4.6/
rkhunter-1.4.6.tar.gz
[root@localhost opt]# tarzxf rkhunter-1.4.6.tar.gz
[root@localhost opt]# cdrkhunter-1.4.6/
[root@localhost rkhunter-1.4.6]# ./installer.sh --install
Checking system for:
  Rootkit Hunter installer files: found
  A web file download command:wget found
Starting installation:
  Checking installation directory "/usr/local": it exists and is writable.
……省略……
Installation complete
[root@localhost rkhunter-1.4.6]#
```

【实操】执行 Rkhunter

Rkhunter 的二进制可执行文件存储在/usr/local/bin/rkhunter 中，执行以下命令即可进行系统扫描。

```
root@localhost rkhunter-1.4.6]# /usr/local/bin/rkhunter -c  ←---- 开始系统扫描
[ Rootkit Hunter version 1.4.6 ]
Checking system commands...
  Performing 'strings' command checks
    Checking 'strings' command                       [ OK ]
  Performing 'shared libraries' checks
……省略……
  Performing file properties checks
    Checking for prerequisites                       [ Warning ]
    /usr/local/bin/rkhunter                           [ OK ]
……省略……
[root@localhost rkhunter-1.4.6]#
```

执行完成后，扫描日志会写入/var/log/rkhunter.log 中，以下是该文件中的部分内容。

```
[root@localhost rkhunter-1.4.6]# cat /var/log/rkhunter.log |head
[04:33:12] RunningRootkit Hunter version 1.4.6 on localhost
[04:33:12]
[04:33:12] Info: Start date is Mon Oct 17 04:33:12 CST 2022
[04:33:12]
[04:33:12] Checking configuration file and command-line options...
[04:33:12] Info: Detected operating system is 'Linux'
[04:33:12] Info:Uname output is 'Linux localhost.localdomain 3.10.0-1160.71.1.el7.x86_64 #1
SMP Tue Jun 28 15:37:28 UTC 2022 x86_64 x86_64 x86_64 GNU/Linux'
[04:33:12] Info: Command line is /usr/local/bin/rkhunter -c
[04:33:12] Info: Environment shell is /bin/bash;rkhunter is using bash
```

```
[04:33:12] Info: Using configuration file '/etc/rkhunter.conf'
[root@localhost rkhunter-1.4.6]#
```

11.3 威胁情报

在人工智能、大数据等高新技术飞速发展下，网络空间的威胁也越来越复杂。各种类型的网络攻击越来越具有持续性和隐蔽性，对网络安全的威胁也越来越大。这里主要介绍威胁情报的发展情况。

难度：★★

11.3.1 威胁情报介绍

根据 Gartner（一家信息技术研究和分析的公司）对威胁情报的定义，其是某种基于证据的知识，包括上下文、机制、标示、含义和能够执行的建议，这些知识与资产所面临已有的或酝酿中的威胁或危害相关，可用于资产相关主体对威胁或危害的响应或处理决策提供信息支持。

业内大多数所说的威胁情报可以认为是狭义的威胁情报，其主要内容为用于识别和检测威胁的失陷标识，如文件 HASH、IP、域名、程序运行路径、注册表项等，以及相关的归属标签。

威胁情报旨在为面临威胁的资产主体（通常为资产所属企业或机构）提供全面、准确、与其相关并且能够执行和决策的知识和信息。

威胁情报的组成部分

一般来说，威胁情报由威胁信息和防御信息组成，如表 11-6 所示。

表 11-6 威胁情报的组成部分

组　成	说　明
威胁信息	• 攻击源，比如攻击者来源 IP、使用的 DNS 等 • 攻击方式，比如武器库 • 攻击对象，比如指纹 • 漏洞信息，比如漏洞库
防御信息	• 策略库 • 访问控制列表

在大数据时代，信息数据瞬息万变，一个威胁情报的有效期极为短暂，因此对于威胁情报，用户需要及时进行更新。

11.3.2 在线威胁情报社区

微步在线×情报社区是我国专业的威胁情报公司。它是一个综合性的威胁情报分析平台，为全球安全分析人员提供了便利的一站式威胁分析平台。它用来开展事件响应过程的工作，包括事件确认、危险程度和影响分析。它的主要特征有自由公开的服务、多引擎文件检测、集成互联网数据、关联分析、机器学习和可视化等。

分析微步平台功能

微步在线×情报社区的网址为 https：//x.threatbook.com/，社区界面如图 11-2 所示。

图 11-2　微步在线×情报社区界面

这个平台提供的主要功能有以下三点。

- 输入 IP、域名、文件散列值可以进程搜索匹配，查看在威胁库中是否有相应的记录和判断。
- 可以上传本地文件进行扫描检测。
- 可以针对输入的 URL 进行在线威胁检测。

Public API 和 Private API

微步在线×情报社区提供了两大类 API，分别是 Public API 和 Private API，如表 11-7 所示。

表 11-7　Public API 和 Private API

组　成	说　明
Public API	• 可以通过建立简单的脚本来访问文件检测分析功能，不通过 Web 接口就可以进行上传扫描文件、查看已完成扫描的报告等操作。 • 适合利用 JSON 和 HTTP 编写客户端应用的程序员。 • 免费服务，可供网站和程序免费使用
Private API	• 允许通过任何客户端来调用威胁分析平台数据库中的数据以及检测分析报告。 • 适用于任何使用 JSON 和 HTTP 编写客户端应用的情况

11.3.3　检测与防御能力的提升

利用威胁情报数据可以创建入侵检测系统、入侵防御系统和防火墙等，还可以生成网络取证工具、安全信息等规则。用户可以通过这种方式进行攻击检测，提升防御能力。

威胁情报平台的应用示意图

下面是防火墙和 Web 应用防火墙利用云端威胁情报平台数据提高攻击检测和防御能力的示意图，如图 11-3 所示。

图 11-3　威胁情报平台的应用示意图

11.4 【实战案例】使用 ClamAV 扫描

ClamAV 是一款免费而且开放源代码的防毒软件，软件与病毒码的更新皆由社群免费发布。目前 ClamAV 主要是使用在由 Linux、FreeBSD 等 Unix-like 系统架设的邮件服务器上，提供电子邮件的病毒扫描服务。ClamAV 本身是在文字接口下运作，但也有许多图形接口的前端工具可用。

难度：★★

扫描病毒和木马

ClamAV 是开源的防病毒引擎，用于检测病毒、木马和其他恶意代码。使用 ClamAV 进行病毒木马扫描时需要先使用 yum 命令安装 clamav 软件包，然后执行 freshclam 命令升级病毒库，之后就可以使用这个工具进行扫描了。

升级病毒库

下面执行 freshclam 命令升级病毒库。在升级过程中会显示已经更新的数据包信息。

```
[root@localhost ~]#freshclam
ClamAV update process started at Mon Oct 07 05:08:26 2022
daily database available for update (local version: 26614, remote version: 26691)
Current database is 77 versions behind.
Downloading database patch #26615...
Time:    1.5s, ETA:    0.0s [=========================>]    26.34KiB/26.34KiB
Downloading database patch #26616...
Time:    1.1s, ETA:    0.0s [=========================>]    34.53KiB/34.53KiB
……省略……
Downloading database patch #26690...
Time:    1.1s, ETA:    0.0s [=========================>]    10.18KiB/10.18KiB
Downloading database patch #26691...
Time:    0.8s, ETA:    0.0s [=========================>]     5.65KiB/5.65KiB
```

```
Testing database: '/var/lib/clamav/tmp.3dc374e01f/clamav-fb2d3e5a9a2595aab58a2167ea2fc593.
tmp-daily.cld'...
Database test passed.
daily.cld updated (version: 26691, sigs: 2008286, f-level: 90, builder: raynman)
main.cvd database is up-to-date (version: 62, sigs: 6647427, f-level: 90, builder: sigmgr)
bytecode.cvd database is up-to-date (version: 333, sigs: 92, f-level: 63, builder: awillia2)
[root@localhost ~]#
```

扫描/home 目录

下面执行 clamscan 扫描/home 目录。如果在扫描的过程中发现了 FOUND 提示，有可能是恶意代码。

```
[root@localhost ~]# clamscan -r /home    ◄------ 扫描/home 目录
/home/summer/.bash_logout: OK
/home/summer/.bash_profile: OK
/home/summer/.bashrc: OK
/home/summer/.cache/gdm/session.log.old: Empty file
/home/summer/.cache/gdm/session.log: Empty file
/home/summer/.cache/imsettings/log.bak: OK
/home/summer/.cache/imsettings/log: OK
/home/summer/.cache/gnome-shell/update-check-3.28: Empty file
/home/summer/.cache/abrt/applet_dirlist: Empty file
/home/summer/.cache/abrt/lastnotification: OK
/home/summer/.cache/tracker/db-version.txt: OK
……省略……
/home/rob/.bashrc: OK
/home/rob/.cache/abrt/lastnotification: OK
/home/rob/.bash_history: OK
/home/rob/.Xauthority: OK
/home/coco/.bash_logout: OK
/home/coco/.bash_profile: OK
/home/coco/.bashrc: OK
/home/mydata/mydata: Empty file
----------- SCAN SUMMARY -----------
Known viruses: 8640327
Engine version: 0.103.7
Scanned directories: 128
Scanned files: 68
Infected files: 0
Data scanned: 4.58 MB
Data read: 4.93 MB (ratio 0.93:1)
Time: 25.290 sec (0 m 25 s)
Start Date: 2022:09:17 05:12:01
End Date:   2022:09:17 05:12:26
[root@localhost ~]#
```

在最后输出的结果中，Infected files 表示感染的文件数量，需要特别注意。

扫描指定目录

在 Linux 系统中有一些目录是需要重点扫描的，比如/etc、/bin、/usr 和/var 等。指定-r 表示递归扫描目录，-i 表示只打印受感染的文件，-l 表示指定记录日志文件。

```
[root@localhost ~]#clamscan -r -i /etc -l /var/log/clamav-etc.log

----------- SCAN SUMMARY -----------
Known viruses: 8640327
Engine version: 0.103.7
Scanned directories: 764
Scanned files: 2589
Infected files: 0
Data scanned: 224.48 MB
Data read: 33.77 MB (ratio 6.65:1)
Time: 52.329 sec (0 m 52 s)
Start Date: 2022:09:17 05:30:09
End Date:   2022:09:17 05:31:01
[root@localhost ~]#
```

查看带病毒的文件

如果扫描到了病毒文件，可以搭配 grep 只查看带病毒的文件。

```
[root@localhost ~]# cat /var/log/clamav-etc.log | grep "FOUND"
```

在发生可疑入侵事件后，不管怀疑是通过网站入侵的，还是通过其他途径入侵的，都应该立即启动对入侵后可能会移植的恶意软件的调查和分析。这些检测工具不仅可以用作入侵发生后的检查和确认，还可以作为日常检查的一种手段。

11.5 【专家有话说】预链接

预链接（Prelink）是一种利用事先链接代替运行时链接的方法来加速共享库加载的技术。它不仅可以加快起动速度，还可以减少部分内存开销，是主流 Linux 架构上用于减少程序加载时间、缩短系统启动时间和加快应用程序启动的很受欢迎的一个功能。

难度：★★

认识预链接

Linux 系统运行时的动态链接尤其是重定位的开销，对于大型系统来说是很大的。由于动态链接和加载的过程开销很大，并且在大多数的系统上，函数库并不会常常被更动，每次程序被执行时所进行的链接动作都是完全相同的，对于嵌入式系统来说尤其如此，因此，这一过程改在运行时之前就可以预先处理好，即花一些时间利用 Prelink 工具对动态共享库和可执行文件进行处理，修改这些二进制文件并加入相应的重定位等信息，节约了本来在程序启动时的比较耗时的查询函数地址等工作，这样可以减少程序启动的时间，同时也减少了内存的耗用。

 【实操】预链接设置

使用预链接前后，二进制文件的完整性会发生变化。这里以/bin/ls 文件为例。

```
[root@localhost ~]# md5sum /bin/ls        ←预链接前
c49f94dc178e4a2f29533d38f4d73bbb  /bin/ls
[root@localhost ~]# prelink -af           ←预链接
[root@localhost ~]# md5sum /bin/ls
b50052052efafc13addc163ad91d6e6b  /bin/ls   ←预链接后
[root@localhost ~]#
```

此时可见预链接前后文件的 MD5发生了变化。

用户可以在服务器上禁用预链接，删除预链接 RPM 包和配置文件以及缓存。

```
[root@localhost ~]# prelink -au           ←取消全部预链接
[root@localhost ~]# rpm -e - nodeps prelink
[root@localhost ~]# rm -rf /etc/prelink.conf.d
[root@localhost ~]# rm -rf /etc/prelink.cache
```

本章主要介绍了一些安全防御系统中的入侵防御手段。在介绍入侵检测时，分析了 IDS 和 IPS 两者的主要区别，针对商业主机的入侵检测方法，以及使用 Kippo 进行捕获测试。通过几种工具的使用，对病毒和木马可以进行全方位的检查。之后详解了威胁情报，并对其组成部分进行了展示。在学习了这些入侵防御手段后，希望可以提升大家对入侵时间的检测能力。

知识拓展——重新找回系统的 root 密码

当用户需要以 root 身份登录系统却忘记密码时，可以使用以下方式找回 root 密码，或者将密码重置。

1）重新启动系统，在进入开机界面时按 e 键进入编辑界面，如图 11-4 所示。该界面的下方也会有对应的提示信息。

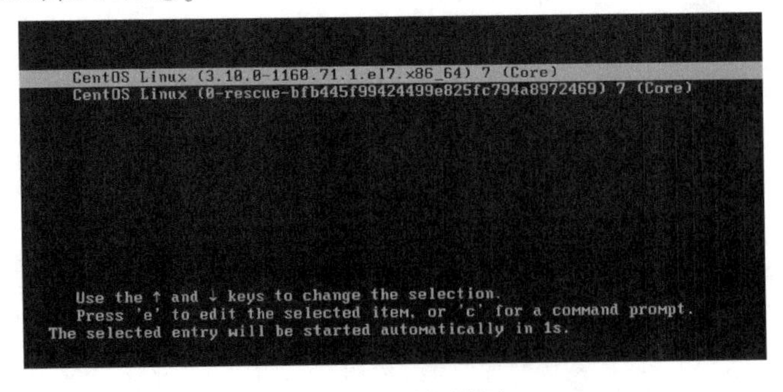

图 11-4　开机界面

2）进入编辑界面后，使用方向键控制光标的移动位置。使用↓键将光标向下移，定位在以 linux16 开头的行，使用左右方向键将光标定位在该行的结尾处，并在该行的最后输入 init=/bin/sh，如图 11-5 所示。输入完成后按 Ctrl+X 快捷键进入单用户模式。

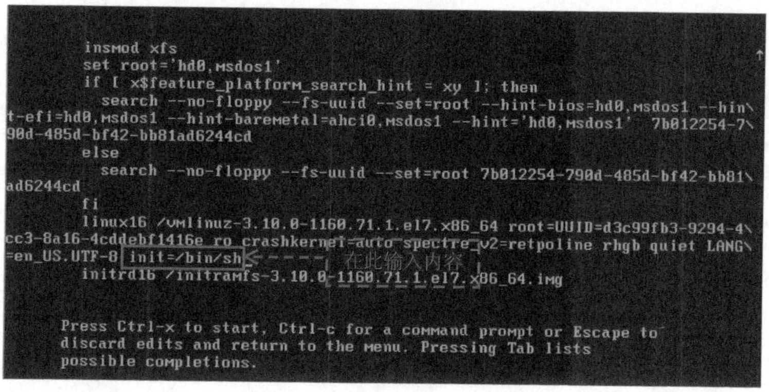

```
        insmod xfs
        set root='hd0,msdos1'
        if [ x$feature_platform_search_hint = xy ]; then
          search --no-floppy --fs-uuid --set=root --hint-bios=hd0,msdos1 --hin\
t-efi=hd0,msdos1 --hint-baremetal=ahci0,msdos1 --hint='hd0,msdos1'  7b012254-7\
90d-485d-bf42-bb81ad6244cd
        else
          search --no-floppy --fs-uuid --set=root 7b012254-790d-485d-bf42-bb81\
ad6244cd
        fi
        linux16 /vmlinuz-3.10.0-1160.71.1.el7.x86_64 root=UUID=d3c99fb3-9294-4\
cc3-8a16-4cddebf1416e ro crashkernel=auto spectre_v2=retpoline rhgb quiet LANG\
=en_US.UTF-8 init=/bin/sh
        initrd16 /initramfs-3.10.0-1160.71.1.el7.x86_64.img

      Press Ctrl-x to start, Ctrl-c for a command prompt or Escape to
      discard edits and return to the menu. Pressing Tab lists
      possible completions.
```

在此输入内容

图 11-5　进入单用户模式

3）在光标闪烁的位置输入 mount -o remount，rw /，按 Enter 键。注意逗号前后没有空格，而/前面有空格。接着在新的一行输入 passwd 命令设置 root 用户的密码。在设置密码时需要输入两次，如图 11-6 所示。

```
[    1.356288] sd 0:0:1:0: [sdb] Assuming drive cache: write through
[    1.356299] sd 0:0:0:0: [sda] Assuming drive cache: write through
sh-4.2# mount -o remount,rw /
sh-4.2# passwd
Changing password for user root.
New password:
Retype new password:
passwd: all authentication tokens updated successfully.
sh-4.2#
```

在此输入新密码

再次输入密码

图 11-6　设置密码

4）输入 touch /.autorelabel 创建文件，使 SELinux 放行修改密码的操作。然后执行 exec /sbin/init 命令，按 Enter 键退出单用户模式，如图 11-7 所示。

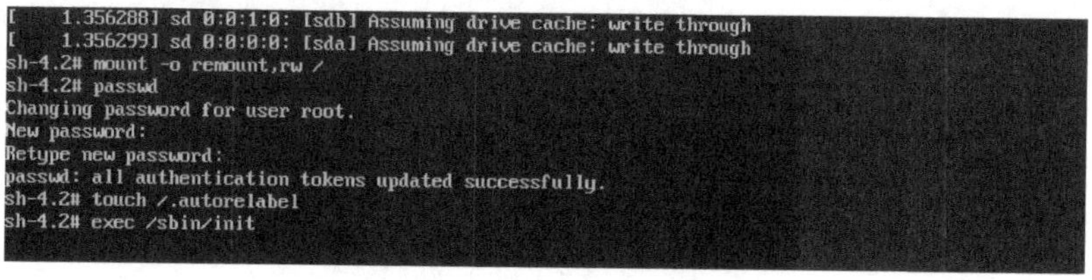

```
[    1.356288] sd 0:0:1:0: [sdb] Assuming drive cache: write through
[    1.356299] sd 0:0:0:0: [sda] Assuming drive cache: write through
sh-4.2# mount -o remount,rw /
sh-4.2# passwd
Changing password for user root.
New password:
Retype new password:
passwd: all authentication tokens updated successfully.
sh-4.2# touch /.autorelabel
sh-4.2# exec /sbin/init
```

图 11-7　完成设置并退出单用户模式

5）等待系统自动修改密码，完成之后系统会自动重启，刚才设置的密码也会随之生效。

Chapter

12

日志与审计

在 Linux 系统中，大部分与系统相关的日志是保留在本地的。黑客入侵系统后，往往会通过删除本地日志的方式达到删除操作痕迹、掩盖入侵行为的目的。为了防止这种情况发生，提高入侵检测能力，用户需要将与安全相关的系统日志传送到远程服务器中。

12.1 远程日志收集系统

日志对于安全来说非常重要，它记录了系统每天发生的各种事情。搭建远程日志收集系统可以避免服务器上的本地日志受到未授权的删除、修改或覆盖，这对于提高审计和追踪溯源能力具有非常重要的作用。

难度：★★★

12.1.1 搭建 server

用户可以通过日志检查错误发生的原因，或者受到攻击时攻击者留下的痕迹。日志主要的功能有审计和监测，还可以实时地监测系统状态，监测和追踪侵入者。要想搭建远程日志收集系统，需要先搭建 syslog-ng server。

【实操】安装 syslog-ng

在搭建 syslog-ng server 之前先使用 yum 命令安装 syslog-ng。

```
[root@localhost ~]# yum -y installsyslog-ng
Loadedplugins: fastestmirror, langpacks
Loading mirror speeds from cachedhostfile
 * base: mirrors.aliyun.com
 * epel: mirrors.bfsu.edu.cn
 * extras: mirrors.aliyun.com
 * updates: mirrors.aliyun.com
Resolving Dependencies
--> Running transaction check
---> Package syslog-ng.x86_64 0:3.5.6-3.el7 will be installed
……省略……
Installed:
  syslog-ng.x86_64 0:3.5.6-3.el7

Dependency Installed:
  eventlog.x86_64 0:0.2.13-4.el7                    ivykis.x86_64 0:0.36.2-2.el7
  libnet.x86_64 0:1.1.6-7.el7

Complete!
[root@localhost ~]#
```

【实操】编辑配置文件

使用 vim 编辑器编辑配置文件/etc/syslog-ng/syslog-ng.conf，定义监听端口 514 作为日志数据源。

```
options {
    flush_lines (0);
    time_reopen (10);
```

```
    log_fifo_size (1000);
    chain_hostnames (off);
    use_dns (no);
    use_fqdn (no);
    create_dirs (no);
    keep_hostname (yes);
};
source s_network{
    syslog(transport(udp) port(514));        ←---- 定义端口
};
destination d_local{
    file("/var/log/syslog-ng/secure_${FULLHOST_FROM}");        ←---- 定义日志写入位置
};
log{source(s_network);destination(d_local);};        ←---- 关联日志源与位置
```

【实操】验证端口

配置完成之后，保存退出。执行 systemctl start syslog-ng.service 命令启动 syslog-ng，然后使用 lsof 验证端口的监听状态。

```
[root@localhost ~]#systemctl start syslog-ng.service
[root@localhost ~]#lsof -i:514 -n -P
COMMAND     PID USER   FD   TYPE DEVICE SIZE/OFF NODE NAME
syslog-ng 40301 root    7u  IPv4 549350      0t0  UDP * :514
[root@localhost ~]#
```

12.1.2 配置 client

在完成服务器端的配置后，需配置日志客户端。这样日志会远程传输到服务器上。即使发生入侵事件，黑客删除了本地的日志，用户依然可以通过分析远程日志文件进行追溯。

配置客户端

在客户端服务器上的/etc/rsyslog.conf 配置文件中加入以下内容。

```
authpriv.* @192.168.109.204
```

然后使用以下命令重新启动 rsyslog 进程就可以了。

```
/etc/init.d/rsyslog restart
```

12.2 审计系统行为

audit 守护进程是一个可以审计 Linux 系统事件的框架。它用来记录 Linux 系统的一些操作，比如系统调用、文件修改、执行的程序、系统登入登出和记录所有系统中所有的事件。用户可以通过配置 auditd 规则来对 Linux 服务器中发生的一些用户行为和用户操作进行监控。

难度：★★★

12.2.1 审计介绍

通过使用强大的审计框架，系统可以追踪很多事件类型来监控并对其审计，比如审计文件访问和修改、监控系统调用和函数、检测异常（崩溃的进程）、为入侵检测目的设置导火索，以及记录各个用户使用的命令等。

审计框架组件

审计框架组件有多个组件，包括内核、二进制文件和其他文件，如表 12-1 所示。

表 12-1 审计框架组件

组件分类	具体组件	说明
内核	audit	从内核中捕获事件并将它们发送到 auditd
二进制文件	auditd	捕捉事件并记录它们的守护进程
	auditctl	配置 auditd 的客户端工具
	audispd	多路复用事件的守护进程
	aureport	从日志事件中读取内容的报告工具
	ausearch	事件查看器，看的是 auditd.log 的内容
	autrace	使用内核中的审计组件追踪二进制文件
	aulast	与 auditd 类似，只不过使用的是审计框架
	aulastlog	与 aulast 类似，只不过使用的是审计框架
	ausyscall	映射系统调用 ID 和名字
	auvirt	展示和审计有关的虚拟机的信息
其他文件	audit.rules	读取该文件来决定需要使用哪些规则
	auditd.conf	auditdde 配置文件

12.2.2 审计配置

在 Linux 系统中进行审计时需要先安装并启动审计服务，然后设置审计规则，再对重要文件进行审计。默认情况下，一开始审计进程列表中没有审计策略。这需要用户根据实际要求进行设置。

【实操】安装 audit

先使用安装命令安装 audit 相关软件，然后执行 systemctl status auditd.service 命令确保该服务进程是启动状态的。

```
[root@localhost ~]# yum -y installauditd audispd-plugins
Loadedplugins: fastestmirror, langpacks
Loading mirror speeds from cachedhostfile
……省略……
Installed:
  audispd-plugins.x86_64 0:2.8.5-4.el7

Complete!
[root@localhost ~]#systemctl status auditd.service
```

```
  auditd.service - Security Auditing Service
  Loaded: loaded (/usr/lib/systemd/system/auditd.service; enabled; vendor preset: enabled)
  Active: active (running) since Sat 2022-10-15 09:41:08 CST; 1 day 22h ago
    Docs: man:auditd(8)
          https://github.com/linux-audit/audit-documentation
Main PID: 624 (auditd)
   Tasks: 5
  CGroup: /system.slice/auditd.service
          ├─624 /sbin/auditd
          ├─626 /sbin/audispd
          └─628 /usr/sbin/sedispatch
```

【实操】测试审计策略

执行 auditctl -l 命令可以看到当前系统中没有审计策略（No rules），对重要文件进行审计显示的也是 no matches。这说明当前系统还没有配置 audit，是初始状态。

```
[root@localhost ~]#auditctl -l
No rules
[root@localhost ~]#ausearch -f /etc/passwd
<no matches>
[root@localhost ~]#
```

【实操】设置审计策略

下面为/etc/passwd 文件设置审计策略，-w 表示添加一项策略，-p 后面指定权限，这里的 rwxa 分别表示读、写、执行和修改权限。之后执行 auditctl -l 命令可以看到设置的策略。

```
[root@localhost ~]#auditctl -w /etc/passwd -p rwxa
[root@localhost ~]#auditctl -l
-w /etc/passwd -prwxa
[root@localhost ~]#
```

如果想取消某一项审计策略，直接将-w 替换成-W 即可。添加完审计策略后，先对/etc/passwd 文件进行操作，比如执行 cat /etc/passwd | head 命令查看文件内容，然后再查看审计记录。

执行 ausearch -f /etc/passwd 命令表示查看该文件的审计记录。

```
[root@localhost ~]#ausearch -f /etc/passwd
----
time->Mon Oct10 08:48:11 2022
type=PROCTITLE msg=audit(1665967691.143:2682):proctitle=636174002F6574632F706173737764
type=PATH msg=audit(1665967691.143:2682): item=0 name="/etc/passwd"inode=18134144 dev=08:
03 mode=0100644 ouid=0 ogid=0 rdev=00:00 obj=system_u:object_r:passwd_file_t:s0 objtype=
```

```
NORMAL cap_fp=0000000000000000 cap_fi=0000000000000000 cap_fe=0 cap_fver=0
type=CWD msg=audit(1665967691.143:2682):cwd="/root"
type=SYSCALL msg=audit(1665967691.143:2682): arch=c000003esyscall=2 success=yes exit=3 a0
=7ffc874063c2 a1=0 a2=1fffffffffff0000 a3=7ffc87404320 items=1 ppid=2923 pid=41087 auid=0
uid=0 gid=0 euid=0 suid=0 fsuid=0 egid=0 sgid=0 fsgid=0 tty=pts0 ses=1 comm="cat" exe="/
usr/bin/cat" subj=unconfined_u:unconfined_r:unconfined_t:s0-s0:c0.c1023 key=(null)
[root@localhost ~]#
```

记录的内容主要包括时间、审核对象、当前目录、用户标识、命令和其所属位置。记录的主要内容是事件发生的时间为 2022 年 10 月 10 日星期一 8 点 48 分 11 秒，UID 和 GID 为 0 的用户使用/usr/bin/cat 文件下的 cat 命令对/etc/passwd 文件执行了 cat 操作。

如果用户此时修改文件的权限，那么在审计记录中也可以找到相应的操作记录。

【实操】对目录进行审计

在/tmp 目录下创建一个目录 test，然后为 test 添加审计策略。之后进入/tmp/test 目录中创建一个文件 1.txt。此时查看/tmp/test 的审计记录。

```
[root@localhost tmp]# mkdir test
[root@localhost tmp]#auditctl -w /tmp/test -p rwxa
[root@localhost tmp]#auditctl -l
-w /etc/passwd -prwxa
-w /tmp/test -p rwxa
[root@localhost tmp]# cd test
[root@localhost test]# touch 1.txt
[root@localhost test]#ausearch -f /tmp/test
----
time->Mon Oct 10 09:02:47 2022
type=PROCTITLE msg=audit(1665968567.017:2842):proctitle=746F75636800312E747874
type=PATH msg=audit(1665968567.017:2842): item=1 name="1.txt"inode=18134200 dev=08:03 mode
=0100644 ouid=0 ogid=0 rdev=00:00 obj=unconfined_u:object_r:user_tmp_t:s0 objtype=CREATE
cap_fp=0000000000000000 cap_fi=0000000000000000 cap_fe=0 cap_fver=0
type=PATH msg=audit(1665968567.017:2842): item=0 name="/tmp/test" inode=18091507 dev=08:03
mode=040755 ouid=0 ogid=0 rdev=00:00 obj=unconfined_u:object_r:user_tmp_t:s0 objtype=
PARENT cap_fp=0000000000000000 cap_fi=0000000000000000 cap_fe=0 cap_fver=0
type=CWD msg=audit(1665968567.017:2842):cwd="/tmp/test"
type=SYSCALL msg=audit(1665968567.017:2842): arch=c000003esyscall=2 success=yes exit=3 a0
=7ffe2f1ba3cf a1=941 a2=1b6 a3=7ffe2f1b8ce0 items=2 ppid=2923 pid=41334 auid=0 uid=0 gid=0
euid=0 suid=0 fsuid=0 egid=0 sgid=0 fsgid=0 tty=pts0 ses=1 comm="touch" exe="/usr/bin/tou-
ch" subj=unconfined_u:unconfined_r:unconfined_t:s0-s0:c0.c1023 key=(null)
[root@localhost test]#
```

从结果中可以看到创建文件的记录，说明对目录的审计被记录下来了。

【实操】执行追踪

使用 autrace 命令可以跟踪指定进程，并将跟踪的结果写入日志文件中。下面使用

autrace 命令执行了一次追踪。

```
[root@localhost ~]#autrace /bin/ls /root
Waiting to execute: /bin/ls
1     Desktopfile1_s1      port.txt      top.log
2     dir1file2      Public      Videos
anaconda-ks.cfg      Documentshello.java      shfile      word
cmatrix-1.2a    Downloadsinitial-setup-ks.cfg  sxid-4.20130802
cmatrix-1.2a.tar.gz  err.txtMusic      sxid-4.20130802.tar.gz
cmd.txt     file1_h1Pictures      Templates
Cleaning up...
Trace complete. You can locate the records with 'ausearch -i -p 41520'
[root@localhost ~]#
```

然后使用 ausearch 查看审计记录，此时必须以 root 用户身份执行 ausearch 命令。

```
[root@localhost ~]#ausearch -i -p 41520
----
type=PROCTITLE msg=audit(10/17/2022 09:13:46.106:3042) :proctitle=autrace /bin/ls /root
type=SYSCALL msg=audit(10/17/2022 09:13:46.106:3042) : arch=x86_64syscall=close success=
yes exit=0 a0=0x4 a1=0x7f7784a88760 a2=0x0 a3=0x7f77850c4a50 items=0 ppid=41518 pid=41520
auid=root uid=root gid=root euid=root suid=root fsuid=root egid=root sgid=root fsgid=root
tty=pts0 ses = 1 comm = autrace exe =/usr/sbin/autrace subj = unconfined _u: unconfined _r:
unconfined_t:s0-s0:c0.c1023 key=(null)
----
type=PROCTITLE msg=audit(10/17/2022 09:13:46.106:3043) :proctitle=autrace /bin/ls /root
type=SYSCALL msg=audit(10/17/2022 09:13:46.106:3043) : arch=x86_64syscall=fstat success=
yes exit=0 a0=0x1 a1=0x7fff14b04c80 a2=0x7fff14b04c80 a3=0x7f77850c4780 items=0 ppid=41518
pid=41520 auid=root uid=root gid=root euid=root suid=root fsuid=root egid=root sgid=root
fsgid=root tty=pts0 ses=1 comm=autrace exe=/usr/sbin/autrace subj=unconfined_u:unconfined_
r:unconfined_t:s0-s0:c0.c1023 key=(null)
……省略……
[root@localhost ~]#
```

12.2.3 审计进程打开文件

lsof 是 Linux 中一个非常实用的系统级的监控和诊断工具，可以用来列出被各种进程打开的文件信息，包括普通文件、网络套接字等，所以该命令也经常用于审计。

【实操】审计 sshd 进程

先使用 pstree 查看 sshd 进程的 PID，然后使用 lsof 命令指定 sshd 的进程号并对 sshd 进程审计。

```
[root@localhost ~]#pstree -p |grep sshd
        |-sshd(1285)---sshd(111452)-+-sftp-server(111464)
[root@localhost ~]#lsof -p 1285
COMMAND   PID USER  FD  TYPE          DEVICE SIZE/OFF    NODE NAME
sshd     1285 root  cwd    DIR             8,3      224      64 /
sshd     1285 root  rtd    DIR             8,3      224      64 /
sshd     1285 root  txt    REG             8,3  852888 3137151 /usr/sbin/sshd
sshd     1285 root  mem    REG            8,3    61560  369124 /usr/lib64/libnss_files-2.17.so
```

```
……省略……
sshd    1285 root  mem   REG          8,3    11344 1252416 /usr/lib64/libfipscheck.so.1.2.1
sshd    1285 root  DEL    REG           8,3          369099 /usr/lib64/ld-2.17.so.#prelink#.
CpzX3A
sshd    1285 root    0r  CHR             1,3      0t0    8532 /dev/null
sshd    1285 root    1u  unix 0xffff8f96e69ec840     0t0  26671 socket
sshd    1285 root    2u  unix 0xffff8f96e69ec840     0t0  26671 socket
sshd    1285 root    3u  IPv4             27840       0t0    TCP *:ssh (LISTEN)
sshd    1285 root    4u  IPv6             27842       0t0    TCP *:ssh (LISTEN)
[root@localhost ~]#
```

【实操】查看 root 用户打开的文件

执行命令 lsof -u root 查看 root 用户打开的文件。

```
[root@localhost ~]#lsof -u root |more
COMMAND      PID USER  FD      TYPE            DEVICE  SIZE/OFF       NODE NAME
systemd        1 root  cwd      DIR               8,3       224        64 /
systemd        1 root  rtd      DIR               8,3       224        64 /
systemd        1 root  txt      REG               8,3  1632960   33704139 /usr/lib/s
ystemd/systemd
systemd        1 root  mem      REG               8,3    20064    1869075 /usr/lib64
/libuuid.so.1.3.0
systemd        1 root  mem      REG               8,3    265576    1450634 /usr/lib64
/libblkid.so.1.1.0
……省略……
```

【实操】查看指定文件的进程项

使用 lsof 指定一个文件就可以查看这个文件的所有进程项了。

```
[root@localhost ~]#lsof /usr/lib64/libnss_files-2.17.so |more
COMMAND     PID           USER   FD  TYPE DEVICE SIZE/OFF  NODE NAME
auditd     624            root mem    REG    8,3    61560 369124 /usr/lib64/libnss_fil
es-2.17.so
polkitd     656         polkitd mem    REG    8,3    61560 369124 /usr/lib64/libnss_fil
es-2.17.so
rtkit-dae   658           rtkit mem    REG    8,3    61560 369124 /usr/lib64/libnss_fil
es-2.17.so
systemd-l   660            root mem    REG    8,3    61560 369124 /usr/lib64/libnss_fil
es-2.17.so
avahi-dae   661           avahi mem    REG    8,3    61560 369124 /usr/lib64/libnss_fil
es-2.17.so
rpcbind     662             rpc mem    REG    8,3    61560 369124 /usr/lib64/libnss_fil
es-2.17.so
dbus-daem   666            dbus mem    REG    8,3    61560 369124 /usr/lib64/libnss_fil
es-2.17.so
……省略……
```

【实操】查看 UDP 协议的所有项

执行命令 lsof -i UDP 输出协议类型为 UDP 的所有项。

```
[root@localhost ~]#lsof -i UDP
COMMAND      PID  USER   FD  TYPE DEVICE SIZE/OFF NODE NAME
avahi-dae    661  avahi  12u  IPv4  19179      0t0  UDP * :mdns
avahi-dae    661  avahi  13u  IPv4  19296      0t0  UDP * :53853
rpcbind      662    rpc   6u  IPv4  18937      0t0  UDP * :sunrpc
rpcbind      662    rpc   7u  IPv4  19063      0t0  UDP * :itm-mcell-s
rpcbind      662    rpc   9u  IPv6  19065      0t0  UDP * :sunrpc
rpcbind      662    rpc  10u  IPv6  19066      0t0  UDP * :itm-mcell-s
chronyd      798 chrony   5u  IPv4  22271      0t0  UDP localhost:323
chronyd      798 chrony   6u  IPv6  22272      0t0  UDP localhost:323
dnsmasq     1899 nobody   3u  IPv4  28311      0t0  UDP * :bootps
dnsmasq     1899 nobody   5u  IPv4  28314      0t0  UDP localhost.localdomain:domain
syslog-ng  40301  root    7u  IPv4  549350      0t0  UDP * :syslog
dhclient  105766  root    6u  IPv4  451853      0t0  UDP * :bootpc
[root@localhost ~]#
```

在审计系统时，信息系统中的数据要如实地反映企业的实际生产经营活动。通过一系列技术手段可以确保数据的真实性，比如数字签名和时间戳等。

12.3 【实战案例】审计进程行为

进程是一个具有独立功能的程序关于某个数据集合的一次运行活动。它可以申请和拥有系统资源，是一个动态的概念，也是一个活动的实体。除了通过 ps 等命令能直接看到的进程，还有一些隐藏进程，用户可以对这些隐藏进程进行审计操作。

难度：★★★

审计隐藏进程

隐藏进程是黑客入侵系统后试图避免被发现其植入恶意程序的常用方法之一。不过用户可以通过 unhide 工具来审计隐藏的进程。

审计隐藏进程的技术

unhide 是一个小巧的网络取证工具，使用了以下六种技术实现审计隐藏进程的功能。

- 对比/proc 和/bin/ps 命令的输出。
- 对比来自/bin/ps 命令输出的信息和遍历 procfs 获得的信息。
- 对比来自/bin/ps 命令输出的信息和系统调用获得的信息。
- PID 暴力破解。
- 逆向搜索验证 ps 命令看到的所有线程是被内核所见到的。
- 快速对比/bin/ps 命令的输出、/proc 分析的结果和遍历 procfs 的结果这三项内容。

安装 unhide

unhide 可以发现那些借助 rootkit、LKM 及其他技术隐藏的进程和 TCP/UDP 端口。这个工具在 Linux、UNIX 类操作系统下都可以工作。安装 unhide 的方式如下。

```
[root@localhost ~]# yum -y install unhide
Loadedplugins: fastestmirror, langpacks
Loading mirror speeds from cachedhostfile
 * base: mirrors.aliyun.com
 * epel: mirrors.bfsu.edu.cn
 * extras: mirrors.aliyun.com
 * updates: mirrors.aliyun.com
Resolving Dependencies
--> Running transaction check
……省略……
lling : unhide-20130526-1.el7.x86_64                                    1/1
  Verifying  : unhide-20130526-1.el7.x86_64                                     1/1
Installed:
  unhide.x86_64 0:20130526-1.el7
Complete!
[root@localhost ~]#
```

查看隐藏进程

如果想查看系统中有没有隐藏进程，可以执行 unhide proc 命令。如果存在则会显示隐藏进程，如果没有则不显示。

```
[root@localhost ~]# unhide proc
Unhide 20130526
Copyright © 2013Yago Jesus & Patrick Gouin
LicenseGPLv3+ : GNU GPL version 3 or later
http://www.unhide-forensics.info
NOTE : This version of unhide is for systems using Linux >= 2.6
Used options:
[*]Searching for Hidden processes through /proc stat scanning
[root@localhost ~]#
```

Linux 中进程隐藏手段可以分为两种，一种是基于用户态隐藏，另一种是直接操控内核进行隐藏。

12.4 【专家有话说】审计网络连接

系统管理员在管理系统时，需要了解每个系统启动时第一个正在运行的服务是什么以及运行的原因。有了这些信息，禁用所有不是必需的服务并且避免在相同物理机上托管太多服务器才是明智的决定。对系统的网络连接情况进行审计也是维护系统稳定的必要措施之一。

难度：★★★

查看网络状态

Linux 系统中 netstat 命令用于列出系统当前的网络连接情况，包括显示端口状态，比如监听状态和连接状态。它是一个监控 TCP/IP 网络的非常实用的工具，可以显示路由表、实际的网络连接以及每一个网络接口设备的状态信息。

【实操】查看处于监听状态的端口

下面使用 netstat -ntlp 命令查看当前系统中处于监听状态的 TCP 端口和相关进程信息。

```
[root@localhost ~]#netstat -ntlp
Active Internet connections (only servers)
ProtoRecv-Q Send-Q Local Address          Foreign Address         State       PID/Program name
tcp        0      0 0.0.0.0:111            0.0.0.0:*               LISTEN      662/rpcbind
tcp        0      0 192.168.122.1:53       0.0.0.0:*               LISTEN      1899/dnsmasq
tcp        0      0 0.0.0.0:22             0.0.0.0:*               LISTEN      1285/sshd
tcp        0      0 127.0.0.1:631          0.0.0.0:*               LISTEN      1281/cupsd
tcp        0      0 127.0.0.1:25           0.0.0.0:*               LISTEN      1618/master
tcp6       0      0 :::111                 :::*                    LISTEN      662/rpcbind
tcp6       0      0 :::22                  :::*                    LISTEN      1285/sshd
tcp6       0      0 ::1:631                :::*                    LISTEN      1281/cupsd
tcp6       0      0 ::1:25                 :::*                    LISTEN      1618/master
[root@localhost ~]#
```

【实操】查看当前系统中的全部网络连接

下面使用 netstat -an 命令查看当前系统中的全部网络连接。

```
[root@localhost ~]#netstat -an |more
Active Internet connections (servers and established)
ProtoRecv-Q Send-Q Local Address          Foreign Address         State
tcp        0      0 0.0.0.0:111            0.0.0.0:*               LISTEN
tcp        0      0 192.168.122.1:53       0.0.0.0:*               LISTEN
tcp        0      0 0.0.0.0:22             0.0.0.0:*               LISTEN
tcp        0      0 127.0.0.1:631          0.0.0.0:*               LISTEN
tcp        0      0 127.0.0.1:25           0.0.0.0:*               LISTEN
tcp        0      0 192.168.209.143:22     192.168.209.1:51329     ESTABLISHED
tcp6       0      0 :::111                 :::*                    LISTEN
tcp6       0      0 :::22                  :::*                    LISTEN
tcp6       0      0 ::1:631                :::*                    LISTEN
tcp6       0      0 ::1:25                 :::*                    LISTEN
udp        0      0 0.0.0.0:53853          0.0.0.0:*
……省略……
udp6       0      0 ::1:323                :::*
raw6       0      0 :::58                  :::*                    7
Active UNIX domain sockets (servers and established)
ProtoRefCnt Flags       Type       State         I-Node   Path
--More--
```

本章主要介绍了日志与审计功能。通过搭建远程日志收集系统，可以有效提高审计和追踪溯源能力。在介绍审计系统行为时，针对 audit 工具进行了审计操作，它提供了强大的审计功能。通过审计操作，可以让日志不被恶意擦除，还可以分析入侵行为。

知识拓展——at 命令的访问控制

at 命令的访问控制主要依靠/etc/at.allow（白名单）和/etc/at.deny（黑名单）两个文件来实现的。如果系统中有/etc/at.allow 文件，那么只有写入/etc/at.allow 文件中的用户可以使用 at 命令，其他用户不能使用此命令，而且/etc/at.allow 文件的优先级更高。也就是说，如果同一个用户既写入/etc/at.allow 文件，又写入/etc/at.deny 文件，那么这个用户是可以使用 at 命令的。

如果系统中没有/etc/at.allow 文件，只有/etc/at.deny 文件，那么写入/etc/at.deny 文件中的用户不能使用 at 命令，其他用户可以使用 at 命令。不过这个文件对 root 用户不生效。如果系统中这两个文件都不存在，那么只有 root 用户可以使用 at 命令。

如果系统中默认只有/etc/at.deny 文件，而且这个文件是空的，那么，系统中所有的用户都可以使用 at 命令。如果想控制用户的 at 命令权限，只需把用户写入/etc/at.deny 文件即可。

下面在系统中查看是否存在/etc/at.allow 文件和/etc/at.deny 文件。从结果中可以看到，系统中只有/etc/at.deny 文件，而且此文件内容为空。说明系统中所有用户都可以使用 at 命令，没有任何限制。

```
[root@localhost ~]# ls -l /etc/at*
-rw-r--r--. 1 root root 1 May 18 23:54 /etc/at.deny
[root@localhost ~]# cat /etc/at.deny

[root@localhost ~]#
```

Chapter

13

综合案例：管理生产环境中的用户权限

Linux 是多用户、多任务的操作系统。公司中一台服务器会有多个用户，而服务器更是有成百上千台。分布在各个服务器中的用户非常多，比如开发、运维和架构等方面。如何合理地分配这些用户的权限对企业来说是非常重要的。

13.1 企业用户问题分析

由于企业的服务器以及分布在其中的用户很多，当公司员工在使用 Linux 服务器时，不同分工的员工水平不同，会导致很多不规范的操作。比如员工权限过大会导致系统中文件的丢失或损坏。新员工和老员工对服务器的熟悉程度不同也会存在安全隐患。

难度：★

13.1.1 权限泛滥

公司中不同部门负责的业务不同，员工的分工也各不相同。如果系统中大部分员工都有 root 密码，那么将会导致 root 权限泛滥，对服务器的安全就会造成极大威胁。系统中保存着重要的文件，一旦员工权限过大，会到威胁到这些文件的安全，从而导致系统不稳定，对服务器来说甚至是毁灭性的损害。

root 权限泛滥可能造成的后果

一旦系统中多数用户拥有了 root 密码，会使员工权限泛滥，做出超出自己职责范围的操作，直接威胁系统安全。以下是可能造成的后果。

- 重要文件损坏或直接被删除。
- 重要的服务进程被停止运行。
- 部署的开发环境受到破坏。

其实对于企业服务器环境来说，约50%以上的安全问题来自内部，而不是外部，因此维护系统内部的安全是非常重要的。针对单个用户权限过大的问题需要得到合理解决。

13.1.2 项目需求

针对权限泛滥问题，我们希望 root 密码是掌握在少数或者管理员一人手里。同时也希望管理员和相关权限的员工可以完成符合自身职责的复杂工作，但不至于出现越权操作，而导致系统出现安全隐患。在设置权限时可以遵循最小化原则实现项目需求，比如目录文件权限最小化、用户权限最小化。

职能分配

将分散的 root 权限回收，为其他部门员工根据职能分配用户操作权限，这里分为运维组、开发组和架构组，如图 13-1 所示。

各部门员工权限分配

在分配个各组的职能后，再为不同的组赋予相应的权限，各组具体权限如表 13-1 所示。

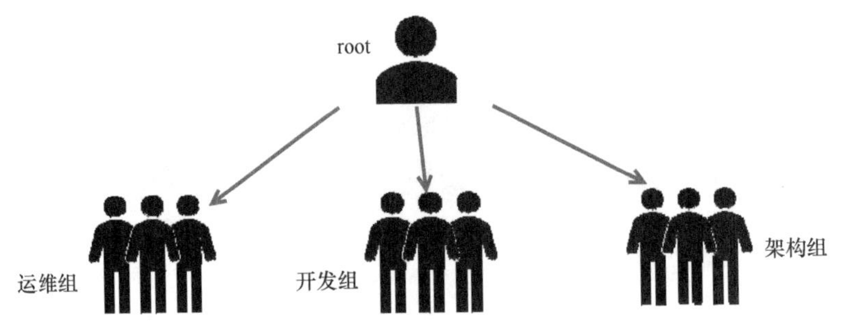

图 13-1　职能分配

表 13-1　权限分配

组　别	说　明
运维组	负责查看系统信息和网络状态（/usr/bin/free、/usr/bin/top、/bin/hostname、/sbin/ifconfig、/bin/netstat）
开发组	具有查看对应服务的权限（/usr/bin/tail/app/log * 、/bin/cat、/bin/ls）
架构组	具有普通用户的权限

再详细划分，还可以将运维组分为初级运维、高级运维和运维经理。同理，开发组和架构组也可以这样细分。当然，这样细分之后，权限的分配也会更加细致全面。

13.2 用户权限的合理规划

针对公司中不同部分和员工的具体工作职责，需要分层次实现对 Linux 服务器的权限最小化和规范化。这样既减少了运维管理成本，消除了安全隐患，又提高了工作效率，快速实现高质量的项目。对于日常的项目维护也会非常有益处。

难度：★★★

13.2.1 收集各部门负责人的权限信息

在正式开始实施方案之前，还需要收集各部门负责人的权限信息，确认原有的权限范围，然后重新规划新的权限。根据员工负责开发、运维还是架构工作，来为其分配相应的操作权限。

在指定好方案之后，需要提交并审核所有相关人员对 Linux 服务器权限的需求。取得领导支持后，即可按照方案分配权限。

信息收集的具体流程

用户在实施方案时一般先积极主动地提出问题，然后编写好方案，在召集相关人员讨论后确定方案的可行性，然后才能实施部署操作，具体流程如下。

- 召集各部分负责人参与会议讨论权限管理方案的可行性。
- 确定可行性后，汇总、提交并审核权限需求。
- 按照业务需求规划权限和人员的对应配置。
- 实施权限方案后，员工通过要求申请对应的权限，从而规范化管理。
- 对各部分的负责人员进行操作介绍。

在需要确认员工权限信息时，各个部门经理整理归类部门需要登录 Linux 权限的人员名单、职位及负责的业务权限。如果不清楚某一人员的权限细节，就明确负责的业务细节，这样运维人员就可以确定该人员需要什么权限了。

13.2.2 规划权限和人员配置

在对人员分配权限时，这里主要对运维组、开发组和架构组中的员工设置权限。其中运维组和开发组人员各 3 名，架构组人员 2 名，各组人员负责的职责不同。

首先要做的就是批量创建用户，然后再编辑 /etc/sudoers 文件。这个文件可以控制 sudo 的权限。

批量创建运维组用户并设置密码

下面通过 for 语句批量创建运维组的用户，并为其统一设置密码。这里同时创建三个用户 user_p1、user_p2 和 user_p3，密码为 centos611。

```
[root@localhost ~]# for user in user_p1 user_p2 user_p3   ← 创建三个用户
> do
> useradd $user   ← 批量创建
> echo "centos611" |passwd --stdin $user   ← 统一设置密码
> done
Changing password for user user_p1.
passwd: all authentication tokens updated successfully.
Changing password for user user_p2.
passwd: all authentication tokens updated successfully.
Changing password for user user_p3.
passwd: all authentication tokens updated successfully.
[root@localhost ~]#
```

使用同样的方式创建开发组的三名员工 dev1、dev2 和 dev3，创建架构组的两名员工 arch1 和 arch2。

编辑/etc/sudoers 文件

在完成用户的创建后，需要为其添加各自的权限。这里直接执行 visudo 命令编辑/etc/sudoers 文件。在文件中分别添加 Cmnd_Alias（命令别名）、User Aliases（用户别名）、Runas_Alias（sudo 允许切换用户的别名）和 pri（优先级配置）。

```
[root@localhost ~]#visudo
……省略……
## Command Aliases
```

```
Cmnd_Alias USER_P=/usr/bin/free,/usr/bin/top,/bin/hostname,/sbin/ifconfig,
/bin/netstat  <-----  USER_P 表示运维组权限，指定了运维组的别名，并配置了对应的权限
Cmnd_Alias DEV_CMD=/usr/bin/tail/app/log* ,/bin/cat,/bin/ls
  <-----  DEV_CMD 表示开发组权限，指定了开发组的别名，并指定了对应的权限
## User Aliases  <-----  配置命令别名
User_Alias OM=user_p1,user_p2,user_p3  <-----  OM 表示运维组人员
User_Alias DEVE=dev1,dev2,dev3  <-----  DEVE 表示开发组人员
##Runas_Alias
Runas_Alias OP=root  <-----  指定 root
##pri  <-----  该字段的设置格式为"用户 主机=角色 命令"
OM ALL=(OP) USER_P
DEVE ALL=(OP) DEV_CMD
……省略……
[root@localhost ~]#
```

在配置过程中，一个用户的设置占一行，如果需要换行，就使用\ 。这里主要根据需求为运维组和开发组的人员设置权限，架构组的人员不用在该文件中添加设置。

/etc/sudoers 是 sudo 命令配置文件，visudo 是其专有编辑工具。如果在添加权限规则时出现错误，保存退出时会出现错误提示信息。

13.3 用户权限效果验证

用户在 Linux 系统中非常重要，文件所有者可以通过文件权限访问该文件，用户有权停止或修改属于自己的进程，管理员可以赋予某个用户特殊权限。这些都体现了用户的重要性。在前面对用户权限设置后，这里主要对其进行验证。

难度：★★

13.3.1 检查添加的用户

在前面的操作中，通过 for 语句批量创建了运维组、开发组和架构组的各个用户。如果想确认这些用户，可以在记录用户信息的文件中进行查看，比如/etc/passwd 文件。从中可以看到用户的 UID 和 GID 等信息。

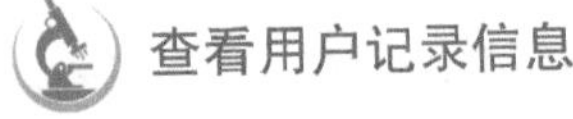

下面使用 tail 命令查看/etc/passwd 文件中用户的记录信息。从中可以看到三个运维组的用户、三个开发组的用户和两个架构组的用户。

```
[root@localhost ~]# tail /etc/passwd   ←-----查看用户记录
summer:x:1000:1000:summer:/home/summer:/bin/bash
openvpn:x:987:981:OpenVPN:/etc/openvpn:/sbin/nologin
user_p1:x:1001:1001::/home/user_p1:/bin/bash
user_p2:x:1002:1002::/home/user_p2:/bin/bash
user_p3:x:1003:1003::/home/user_p3:/bin/bash
dev1:x:1004:1004::/home/dev1:/bin/bash
dev2:x:1005:1005::/home/dev2:/bin/bash
dev3:x:1006:1006::/home/dev3:/bin/bash
arch1:x:1007:1007::/home/arch1:/bin/bash
arch2:x:1008:1008::/home/arch2:/bin/bash
[root@localhost ~]#
```

除了/etc/passwd 文件，也可以通过其他用户的配置文件进行确认，比如/etc/shadow 等。

13.3.2 查看 sudo 权限

当用户执行 sudo 时，系统会主动寻找/etc/sudoers 文件，判断该用户是否有执行 sudo 的权限。确认用户具有可执行 sudo 的权限后，让用户输入自己的密码确认。如果密码输入成功，则开始执行 sudo 后续的命令。

在/etc/sudoers 文件中编辑用户权限后，可以对此进行验证。

 查看自己拥有的权限

先切换到 user_p1 用户身份，然后执行 sudo -l 查看该用户自己拥有的权限。这里需要输入用户自己的密码进行确认。

```
[root@localhost ~]# su - user_p1
user_p1@localhost ~]$whoami
user_p1
[user_p1@localhost ~]$sudo -l   ←-----查看自己拥有的权限

We trust you have received the usual lecture from the local System
Administrator. It usually boils down to these three things:

    #1) Respect the privacy of others.
    #2) Think before you type.
    #3) With great power comes great responsibility.

[sudo] password for user_p1:   ←-----在此输入用户 user_p1 的密码
Matching Defaults entries for user_p1 on localhost:
    ! visiblepw, always_set_home, match_group_by_gid, always_query_group_plugin,
    env_reset, env_keep="COLORS DISPLAY HOSTNAME HISTSIZE KDEDIR LS_COLORS",
    env_keep+="MAIL PS1 PS2 QTDIR USERNAME LANG LC_ADDRESS LC_CTYPE",
```

```
    env_keep+="LC_COLLATE LC_IDENTIFICATION LC_MEASUREMENT LC_MESSAGES",
    env_keep+="LC_MONETARY LC_NAME LC_NUMERIC LC_PAPER LC_TELEPHONE",
    env_keep+="LC_TIME LC_ALL LANGUAGE LINGUAS _XKB_CHARSET XAUTHORITY",
    secure_path=/sbin\:/bin\:/usr/sbin\:/usr/bin

User user_p1 may run the following commands on localhost:
    (root)/usr/bin/free,/usr/bin/top,/bin/hostname,/sbin/ifconfig,/bin/netstat ←用户拥有的权限
[user_p1@localhost ~]$
```

修改主机名

在切换到 user_p1 用户的状态下，使用 hostname 命令修改主机名。如果直接修改会出现提示信息，提示必须要有 root 权限才可以操作。

```
[user_p1@localhost ~]$hostname mylinux
hostname: you must be root to change the host name
↑提示需要有 root 权限才能更改主机名
[user_p1@localhost ~]$sudo hostname mylinux ←使用 sudo 赋予执行权限
[user_p1@localhost ~]$hostname
mylinux ←成功修改主机名
[user_p1@localhost ~]$
```

在/etc/sudoers 文件中设置用户权限时，命令别名中必须指定文件目录的绝对路径。定义什么类型的别名，就要有什么类型的成员与之匹配。